파리의 어떤 하루

파리의 어떤 하루

지은이 **강석균**
펴낸이 **안용백**
펴낸곳 **(주)넥서스**

초판 1쇄 발행 2009년 9월 10일
초판 2쇄 발행 2009년 9월 15일

2판 1쇄 발행 2012년 6월 15일
2판 3쇄 발행 2012년 7월 30일

출판신고 1992년 4월 3일 제311-2002-2호
121-840 서울시 마포구 서교동 394-2
Tel (02)330-5500 Fax (02)330-5555

ISBN 978-89-5994-400-2 13980

www.nexusbook.com
넥서스BOOKS는 (주)넥서스의 실용 브랜드입니다.

*이 책은 『스토리 인 파리』의 개정판입니다.

파리의 어떤 하루

글·사진 강석균

넥서스BOOKS

파리에서는 길을 잃어도 좋아!

"오~ 샹젤리제~, 오~ 샹젤리제~" 콧노래가 절로 나오는 파리의 거리. 개선문 뒤로 플라타너스 나무가 즐비한 샹젤리제 거리를 걷는 기분이 상쾌하다. 콩코르드 광장을 지나 루브르 박물관을 거쳐 노트르담 성당이 있는 시테 섬까지. 그저 세느 강을 따라 내려오기만 하면 된다. 시테 섬을 지나 파리의 먹자골목 라탱에 들어서면 여기저기서 세계 각국 사람들의 방언을 들을 수 있다. "봉쥬르~", "헬로~", "올레~", "안녕하세요!"까지 말은 달라도 파리를 좋아하는 공통점을 가지고 있는 사람들이다. 다시 라탱 거리에서 소르본, 팡테온, 뤽상부르 공원까지. 길을 잃어도 좋으니 마음껏 파리의 골목을 헤매길…….

카페! 카페! 카페!

헤밍웨이, 피카소, 고흐, 사르트르, 카뮈 등 한 시대를 풍미했던 거장들이 드나들었던 파리의 카페. 카페 플로르, 레 되 마고, 르 돔, 라 로통드, 셀렉트 등 유서 깊은 카페들이 파리 곳곳에 자리 잡고 있다. 어쩌면 낡은 흑백 사진 속의 모습과 지금의 카페 모습이 하나도 변한 것이 없는지. 어느 까페에는 명사들이 즐겨 앉았던 자리에 친절하게 황동 명패와 사진을 붙기도 했으니 숨은 그림을 찾듯 명사의 자리를 발견하는 재미 또한 쏠쏠하다. 길가에 내놓은 의자에 앉아 카페(커피) 한 잔을 마시며 지나가는 사람들을 구경하는 것도 나쁘진 않다. 어느새 나도 파리 사람이 다 된 느낌이다.

바게트로 칼싸움을!

파리 사람들은 퇴근 무렵이 되면 항상 빵집에 들러 커다란 바게트 한두 개를 사가지고 간다. 한국에서 바게트 하면 으레 딱딱한 빵이려니 싶었는데 파리의 갓 나온 바게트는 부드럽기 그지없다. 그저 밀빵에 소금 간을 했을 뿐인 그 바게트의 담백한 맛은 파리를 다시 생각나게 하는 것 중 하나이다. 파리의 맛 하면 오리의 간 요리인 푸아그라를 빼놓을 수 없다. 마치 덜 익은 햄 반죽을 먹는 듯해도 세계 3대 요리이자 프랑스를 대표하는 요리라니 파리를 여행한다면 빼놓지 말고 맛볼 일이다. 먹자골목인 라탱에 가면 푸아그라뿐만 아니라 달팽이, 개구리 뒷다리 요리까지 맛볼 수 있다.

퐁네프의 다리에서 파리의 연인이 되어 볼까

영화 같은 사랑을 만들고 싶은 사람은 파리로 가자. 퐁네프의 다리는 영화 〈퐁네프의 연인들〉과 달리 칙칙하지도, 노숙을 하는 이도 없으나 영화에서 느꼈던 진한 사랑을 확인하려는 연인들로 붐빈다. 퐁피두 센터 광장이나 에펠탑 주변 여기저기에서는 거리낌 없이 키스를 나누는 연인들이 보인다. 부럽다! 적어도 파리에서는 좋아하는 이에게 몸을 사릴 필요가 없다. 홀로 여행을 왔더라도 자주 마주치는 이에게 눈인사를 하다 보면 첫눈에 반하는 이가 생길 수 있으니 말이다.

몽마르트르 언덕에서 와인 한 잔!

몽마르트르 언덕의 카페에서 와인 한 잔을 시켜 놓고 지나가는 사람들을 바라본다. 모두들 파리 여행이 즐거운 표정이다. 지나가는 사람들도 카페에 앉은 나를 본다. 눈이 마주치자 가볍게 미소를 짓는다. 나도 그에게 따뜻한 미소를 보낸다. 파리! 자유와 낭만, 여유가 있는 곳 파리를 그리워하는 이라면 바쁜 일상에서 잠시 벗어나 파리의 한가로움을 느껴볼 수 있었으면 좋겠다.

끝으로 친절한 파리 분들과 일부 사진을 제공해 준 기영 님, 이 책을 출간하는 데 애써 주신 넥서스 김영화 부장님과 박유경 대리님께 깊은 감사를 드린다.

강석균

Contents

I. 전통과 예술의 파리

파리 산책
파리의 전통과 예술을 볼 수 있는 산책 코스
개선문에서 노트르담 성당까지

II. 파리를 산다, 파리를 먹는다

파리 산책

프랑스 혁명 이전에 조성된 뒷골목 산책 코스
파리 시청에서 보쥬 광장까지

파리 산책
몽마르트르 언덕 주변을 둘러보는 산책 코스
물랭루즈에서 달리 미술관까지

V. 파리 근교 나들이

I. 전통과 예술의 파리

파리의 중심,
노트르담 성당

생 미셸 역에서의 약속 불발

지하철 4호선 생 미셸 역에서 약속이 있었다. 그녀와 만나기로 한 시간은 오후 1시였다. 어느덧 약속 시간이 지나고 약속한 사람은 보이지 않았다. 그녀는 파리가 초행이었기에 늦을 수 있겠다 싶어 좀 더 기다렸다.

"무슨 일이 생긴 걸까?"

혹시 다른 출구에서 기다리나 싶어, 지하 매표소와 다른 지하철 입구를 몇 번이나 오르락내리락했다. 벌써 약속 시간으로부터 1시간이 지났다. 나는 파리에 온 미션이 있었기에 더 이상 기다릴 수 없었다. 무거운 마음으로 가까운 노트르담 성당으로 갔다.

늘 관광객으로 넘쳐나는 노트르담 성당은 언제 가더라도 편안히 맞아 준다. 잠시, 생 미셸 역에서의 약속 불발은 잊기로 했다. 노트르담 성당은 1163년에 주교 쉴리에 의해 건축되기 시작해 1345년에 완공되었다. 노트르담 성당은 파리의 중심인 시테 섬에 있다. 예부터 유럽의 도시들은 중심에 성당을 세우고 도시를 만들어 갔다. 파리는 모두 20구의 행정 구역으로 나누어지는데 그 중심에 시테 섬이 있다. 현재 시테 섬은 루브르 박물관이 있는 1구와 파리 시청이 있는 4구로 절반씩 나누이져 있다. 노트르담 성당에 들어가서 오른편에는 잔 다르크의 조각상이 있다. 잔 다르크는 프랑스와 영국 간의 백년전쟁에 구세주처럼 나타나 위기의 프랑스를 구원했다. 시골 처녀에 불과했던 잔 다르크는 "프랑스를 구하라"라는 신의 음성만을 믿고 당시 샤를 황태자를 설득해 군사를 얻고 지휘자가 되어 영국군을 물리쳤다. 모든 것이 다 믿음의 힘으로 가능했다. 후에 잔 다르크는 영국군에 붙잡히고 마녀로 여겨져 화형에 처해졌다. 이에 가톨릭 교회에서는 1920년에 잔 다르크를 시성으로 추인했고 이는 오늘날 잔 다르크가 노트르담 성당 안에 있는 이유가 되었다. 노트르담 성당 외 마들렌 사원이나 다른 성당에서도 잔 다르크를 만날 수 있고 루브르 박물관과 튈르리 공원 사이에서는 황금빛의 잔 다르크를 볼 수 있다. 노트르담 성당 안으로 더 들어가면 사람들에게 가장 인기가 많은 장미의 창이 있다. 장미의 창은 지름 10m에 달하는 스테인드글라스 창으로 아름다움을 넘어 신비함까지 전해준다. 장미의 창 중앙에는 아기 예수를 안은 성모 마리아의 모습이 있다.

성당 안을 둘러보고 북쪽 종탑으로 가는 387개의 계단을 올라갔다. 힘겹게 계단을 다 오르면 종탑 아래의 테라스로 연결되는데 이곳에서 파리 시내와 노트르담 성당 앞에 모인 사람들을 볼 수 있다. 노트르담 성당을 나와 성당 외벽을 이루는 아치형 부벽과 성당 벽에서 바깥 방향으로 뻗어 있는 이무기상도 볼 만하다. 아치형 부벽은 중세에 지어진 노트르담 성당이라는 고층 빌딩을 지지하는 버팀목 역할을 하고 있다. 악귀를 물리친다는 이무기상은 재규어 자동차 앞에 붙은, 표범을 닮은 재규어 모형을 떠올리게 한다. 물론 둘의 의미는 전혀 다르겠지만 모양은 매우 흡사하다. 노트르담 성당의 전체 모습은 시테 섬 아래 라탱 지구에서 보면 한눈에 들어온다. 두 개의 고딕 첨탑과 중앙의 삼나무로 조각된 제일 높은 첨탑, 뒤쪽의 아치형 부벽까지 무척 세세히 신경 써서 건축된 것임을 알 수 있다.

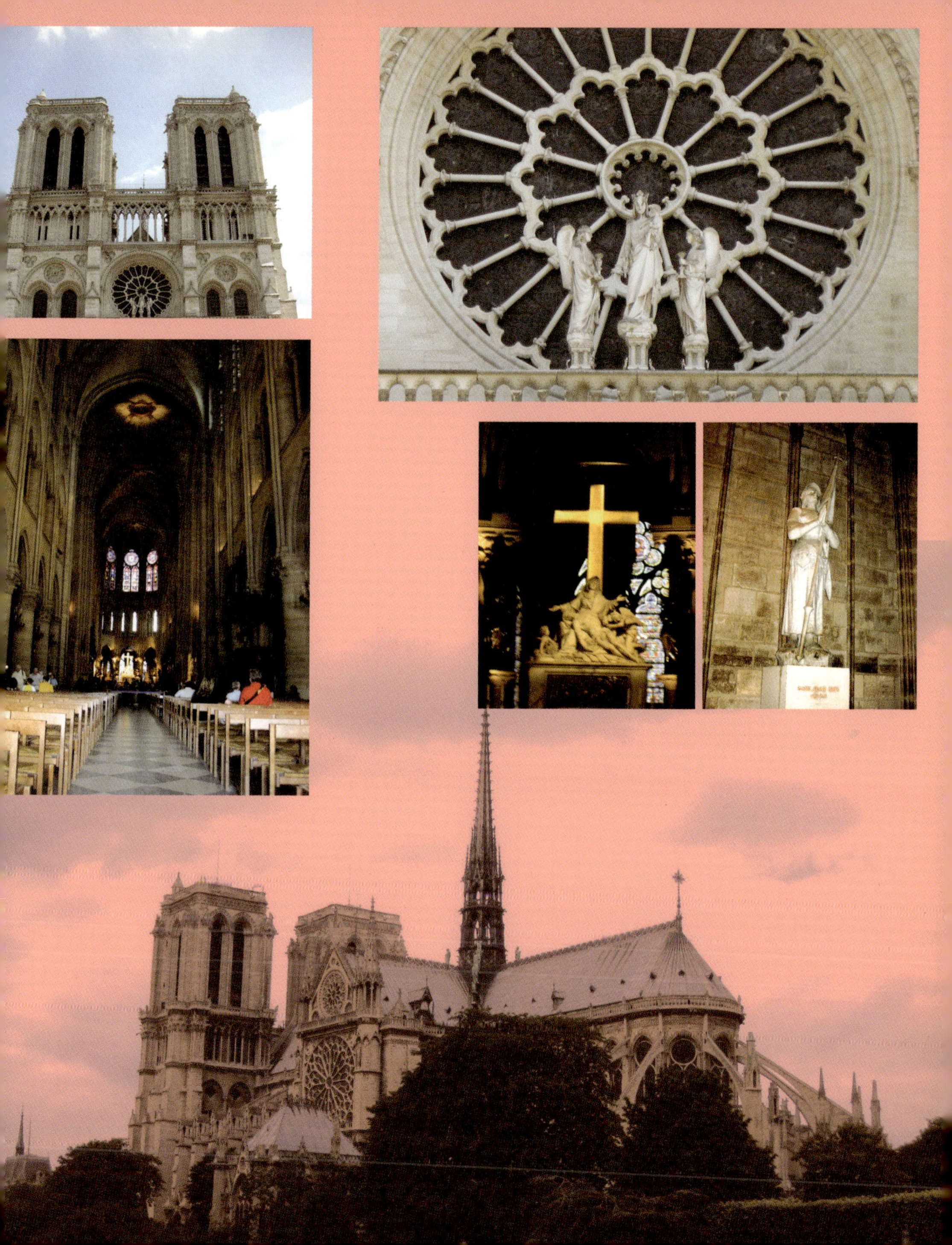

내 침대로 들어온 그녀

노트르담 성당을 둘러보고 라탱 지구에서 식사를 한 뒤 숙소로 돌아왔다. 그녀를 만나지 못해 무슨 일이 없는지 걱정되었으나 그녀도 한국에서 준비를 철저히 해 왔으니 별일은 없을 것이라 생각했다. 어쩌면 일정을 당겨 스페인으로 갔을 수도 있었다. 샤워를 하고 침대에 누워 일정을 정리하다가 잠이 들었다. 얼마쯤 지났을까. 누군가 나를 깨웠다. 누굴까? 파리에서 나를 깨울 사람이 없는데. 눈을 떠보니 그녀가 배낭을 지고 내 앞에 서 있었다.

그녀는 약속 장소를 다른 곳으로 변경한다고 나에게 이메일을 보냈다고 했다. "잉?" 물론 나는 파리에 와서 PC방 근처에도 가지 않았고 당연히 그녀의 이메일을 보았을 리 없었다. 그녀는 그녀대로 다른 곳에서 나를 기다리며 원망했겠다 싶어 미안했다. 더구나 오늘 밤 그녀는 예약했던 숙소에 부킹 착오가 생겨 거리로 나앉은 상태였다. "이런……." 밖은 벌써 컴컴한 밤이었고 지금 다른 숙소를 찾기에는 늦은 시간이었다. 할 수 없이 그녀는 나의 침대에서 같이 잘 수밖에 없었다. 숙소 바닥이 나무 바닥이었으면 내 침대를 내어 주고 바닥에서 잤을텐데 차가운 시멘트 바닥이어서 어쩔 도리가 없었다.

문제는 내 침대가 호텔의 싱글이 아닌 도미토리용 침대라는 것이었다. 덩치가 있는 사람이면 혼자 누워도 살이 삐져나온다는 폭이 좁은 침대였다. 그녀는 차가운 시멘트 바닥과 침대를 번갈아 본 뒤, 서로 침대에 몸을 구겨서 잘 수밖에 없다는 것에 동의했다. 그녀가 내 침대로 들어왔다. 그녀는 나와의 약속이 어긋나고 숙소 문제로 돌아다니느라 무척 피곤한 상태였다. 이것저것 따질 때

EL BISTRO LATINO
PAELLA
HOTEL
RESTAURANT
CREPES
LE GYROS

가 아니었다. 그녀가 침대에 누우니 몸을 움직이기조차 어려웠다. 피곤했던 그녀는 이내 잠이 들었고, 초저녁에 잠이 들었다가 깬 나는 점점 말똥말똥 정신이 맑아졌다. 게다가 바로 옆에 딱 붙은 그녀가 새근새근 콧소리를 내며 세상 모르고 자고 있으니 애당초 오늘 밤 잠을 자기는 틀렸다.

"오~, 주여~"

　　파리는 20개의 행정 구역으로 나누어져 있다. 시테 섬은 행정 구역상 1구와 4구로 분할되어 있으며 지리적으로, 역사적으로 파리의 중심이다. 그 증거로 노트르담 성당 앞 광장에 프랑스 도로의 기점이 되는 별 모양의 표식이 있다. 이것은 시테 섬이 파리의 중심일 뿐만 아니라 프랑스의 중심임을 알려준다. 프랑스 도로의 기점을 촬영한다고 했는데 나중에 확인해 보니 광화문 앞에 있는 우리의 도로 기점 말뚝만 생각하고 엉뚱한 것을 찍어 왔다. "이런!" 파리에 가실 분은 노트르담 앞 광장 바닥을 잘 살펴보기 바란다.

　　시테 섬의 중심에는 노트르담 성당이 있다. 노트르담 성당에는 아름다운 장미의 창이 있으며 종탑에 올라 파리 전망을 감상하기에도 좋다. 시간이 된다면 노트르담 성당의 주말 미사에 참가해 보라. 장엄한 파이프 오르간 연주에 취해 격식 있는 미사를 보다 보면 어느새 눈가에 눈물이 맺힐지도 모른다. 죄 지은 게 있다면 다 풀고 가시라!

　　노트르담 성당 앞, 광장을 가로질러 가니 작은 꽃시장이 나왔다. 꽃 시장에서는 여러 꽃과 화분, 새장 같은 것을 팔고 있었는데 인테리어에 관심 있는 사람이라면 둘러볼 만하다. 꽃 시장에서 새장을 파는 이유는 일요일에 새 시장이 열리기 때문이다. 꽃 시장을 지나면 최고 재판소와 생트 샤펠 성당, 콩시에르쥬리가 있다. 생트 샤펠 성당은 음악회가 자주 열려 쉽게 들어갈 수 없으나 환상적인 스테인드글라스를 가지고 있으니 꼭 들러보길 권한다. 최고 재판소 옆에는 마리 앙투아네트가 수감되었던 콩시에르쥬리가 있다. 콩시에르쥬리에는 당시 마리 앙투아네트가 사용하던 방이 그대로 보존되어 있다. 콩시에르쥬리를 나와 세느 강가를 따라 올라가니 루브르 박물관 쪽으로 이어진 퐁네프 다리가 보인다. 시테 섬에는 볼거리가 많아 이곳만 둘러보기에도 하루가 부족하다.

카미유 클로델은
어디에

잘난 남자, 로댕

　　로댕 미술관은 세느 강 남쪽 행정 구역상 7구에 있다. 7구에는 오르세 미술관이라는 대형 미술관이 있어서인지 로댕 미술관까지 찾아보는 사람은 많지 않다. 지하철 13호선을 타고 바렌느 역에 내리면 역사 안에 로댕의 〈생각하는 사람〉, 〈발자크〉 등이 있어 이곳이 로댕 미술관으로 가는 역임을 알려준다. 로댕은 복 받은 사람이었다. 일찍이 조각가로 유명세를 얻었고 국가로부터 현재 로댕 미술관으로 쓰이고 있는 로코코풍의 대저택인 오텔 비롱을 무상으로 제공 받아 살았다. 로댕이 살기 전에 이 저택은 화가 마티스, 무용가 이사도라 던컨, 시인 라이너 릴케 등의 작업실로 이용되기도 했다. 로댕 미술관은 나폴레옹의 묘가 있는 앵발리드를 이웃하고 있으면서도 높은 울타리 안에서 독립적인 세계를 이루고 있다. 로댕 미술관의 입구를 지나면 저택에 이르는 길과 장미 정원이 펼쳐진다. 정원의 오른쪽에는 그 유명한 〈생각하는 사람〉이 있고, 왼쪽에는 〈칼레의 시민〉과 〈지옥의 문〉 조각이 보인다. 굳이 미술관 안까지 들어가지 않아도 정원에서 로댕의 대표작을 볼 수 있어 좋다. 지옥의 문은 원래 새로 지어질 장식 예술 박물관의 정문으로 의뢰받았으나 장식 예술 박물관이 루브르 박물관 내로 들어가면서 미완성으로 남았다.

　　로댕 미술관 안에서는 남녀의 열렬한 키스 장면을 포착한 〈키스〉가 눈길을 끈다. 〈키스〉를 보고 있으면 로댕이 바람둥이, 이기주의자처럼 느껴질 수도 있다. 로댕의 연인이자 조수였던 카미유 클로델 때문이다. 20세에 로댕의 조수로 들어간 카미유는 로댕을 존경하고 사랑했다. 카미유는 로댕 못지않은 재능이 있었으나 로댕의 명성에 가려 빛을 보지 못했다. 게다가 카미유는 자신에 대한 로댕의 열정이 식자 괴로워하다가 정신병까지 얻게 되었다. 카미유의 병은 정신병이 아닌 사랑병이었으리라. 그만큼 카미유는 로댕을 사랑했다. 로댕의 곁에는 카미유 외에도 살림살이를 책임지던 로즈 뵈레라는 여인이 있었다. 로즈 뵈레 역시 평생을 로댕만 바라보는 해바라기를 하다가 로댕이 죽기 몇 주 전 겨우 그와 결혼식을 올릴 수 있었다. 카미유만큼이나 로댕이라는 남자 때문에 속 썩은 여인이 아닐까 싶다.

〈청동시대〉는 로댕을 유명하게 만든 조각 작품이다. 창문을 등지고 있는 조각상은 건장한 청년의 누드를 표현하고 있다. 〈발자크〉는 대문호 발자크의 두상 조각으로 그의 생생한 표정이 살아 있는 듯하다. 로댕 미술관에서 로댕은 조각가로서 자신의 이름을 남겼으나 로댕을 사랑했던 카미유는 미술관의 한 구석에서 그 흔적이 지워져 가고 있었다. 사랑은 둘이 했는데 남은 사람은 하나인 듯하다. 구석에 있는 카미유의 작품들을 보면 사랑이란 게 다 부질없어 보일 것이다. 그를 사랑한 여인은 잊히고 잘난 남자만 남으니 말이다.

LE PENSEVR
DE RODIN OFFERT
PAR SOVSCRIPTION
PVBLIQVE AV PEVPLE
DE PARIS MCM

피카소 미술관은 세느 강 북쪽의 행정 구역상 4구에 있다. 사실 피카소 미술관에는 유명한 작품이 거의 없다. 알려진 작품을 보려면 루브르나 오르세, 퐁피두 센터로 가는 게 나을 것이다. 피카소 미술관은 피카소가 죽은 뒤, 막대한 상속세를 대신해 유족들이 피카소가 남긴 작품 중의 1/4을 프랑스에 기증한 것으로 만들어졌기 때문이다. 그럼에도 나는 피카소 미술관으로 발길을 옮기고 있었다. 지하철 11호선 파리 시청역에 내려 리볼리 거리를 걷다가 왼쪽으로 방향을 돌려 탕플 거리로 향했다. 기마르 유대 교회당을 힐끔 보고 거리의 부티크와 갤러리들을 구경하며 북으로, 북으로 걷다 보니 어느새 피카소 미술관과 만나게 됐다.

피카소 미술관은 대저택인 오텔 살레를 개조한 것이다. 피카소 미술관에서는 드로잉, 초기 청색 시대와 도색 시대의 작품, 입체파 그림까지 다양한 피카소의 모습을 만날 수 있다. 원래 피카소 미술관은 몽마르트르에 있어야 했는지도 모른다. 1904년부터 파리에 정착한 피카소는 당시 변두리였던 몽마르트르에서 미술에 대한 열정을 키워나갔다. 지금도 몽마르트르의 아베스 광장에는 피카소와 친구들이 함께 작업했던 아틀리에가 그대로 남아 있다. 물랭루즈에서 몽마르트르 언덕으로 올라가는 길에 고흐의 하숙집이 있었는데 피카소의 아틀리에와는 불과 5분여 거리였다. 피카소와 고흐는 동네 그림 친구였던 셈이다.

GALERIE
ARTISYOU

Musée CARNAVALET
23, Rue de Sévigné
Musée PICASSO
5, Rue de Thorigny
Musée Cognacq - Jay
8, rue Elzévir

피카소는 무한 에너지를 가졌던 사람인 듯하다. 평생 3천여 점의 그림과 판화, 100여 점의 도기 작품, 조각품들을 남겼으니 말이다. 피카소에게는 여자가 끊이지 않은 것으로도 유명한데 언제 여자들과 사귀고, 언제 작품 활동을 했는지 불가사의한 일이다. 그렇게 에너지를 썼음에도 불구하고 미술가 중에서 비교적 장수한 것을 보면 피카소의 정력이 대단함을 알 수 있다. 그에 반해 동네 친구였던 고흐는 기막힌 명작을 쏟아냈으면서 단 한 번도 자신의 작품으로 영광을 누리지 못하고 파리 근교의 오베르에서 요절했다. '강한 자가 살아남는 것이 아니라, 살아남는 자가 강한 자'라는 우스갯소리가 있는데 이는 피카소에게 적용되는 말이 아닌가 싶다. 피카소는 자신의 작품으로 온갖 영광을 다 누리다가 살 만큼 살고 갔다.

햇살이 강렬하면 그림자도 큰 것일까. 피카소의 여인들은 한결같이 불행한 인생을 살다 갔다. 에바 구엘이란 여인은 피카소에게 버림받자 31세의 나이로 요절했고, 첫 부인인 올가 코흘로바는 그의 열정이 식자 정신 이상에 반신불수가 되고 말았다. 마리 테레즈라는 여인은 피카소와의 결별 후 목을 맸고, 도라 마르는 정신병원에 드나들었으며, 자클린 로크는 권총 자살을 했다. 물론 피카소 자신은 이들이 불행해지기를 바라진 않았을 것이다. 다만 공교롭게도 결과가 나쁘게 되었을 뿐이다. 그럼에도 피카소를 이렇게 불러도 그는 할 말이 없을 것이다. "피카소, 당신은 나쁜 남자야!"

모네를 위한 미술관들

　오랑주리 미술관은 튈르리 공원이 있는 행정 구역상 1구에 속한다. 1구에는 천하무적, 최강의 루브르 박물관이 있어 오랑주리의 존재가 미약하게 느껴질 수 있다. 오랑주리 미술관은 모네 미술관이라고 해도 과언이 아니다. 미술관에는 모네의 대작 〈수련〉이 있다. 〈수련〉은 작은 그림이 아니다. 연못에 핀 수련을 아침부터 저녁까지 시간에 따라 연작으로 그린 대작이다. 모네는 1883년에서 1926년까지 파리 근교의 지베르니에 머물며 〈수련〉을 그렸다. 오랑주리 미술관에는 모네의 〈수련〉 외에 다른 화가들의 작품도 전시되고 있으나 모두 모네의 작품에 기가 눌린 분위기이다.

모네의 작품을 더 보려면 파리 서쪽 불로뉴 숲에 있는 모네 미술관으로 가라. 지하철 9호선을 타고 라 무에테 역에 내리면 한적한 공원가의 모네 미술관을 볼 수 있다. 대저택을 미술관으로 꾸민 모네 미술관에는 전 세계적으로 클로드 모네의 작품이 가장 많이 소장되어 있다고 한다. 모네는 1874년에 화가·조각가·판화·무명 예술가 협회전을 개최하고 〈인상·일출〉이라는 작품을 출품했는데 그 작품명으로 인해 같은 부류의 화가들이 인상파라 불렸다. 그러고 보니 로댕과 피카소, 모네는 모두 큰 고생을 하지 않고 자신의 성공을 누렸으며 장수했다는 공통점이 있다. 설마, 모네도 잘난 남자나 나쁜 남자는 아니었겠지.

그 외 파리의 작은 미술관으로는 귀스타브 모로 미술관, 자크마르 앙드레 미술관, 달리 미술관 등이 있다. 또한 파리 현대 미술관에도 퐁피두 센터 못지않게 많은 현대 미술 작품이 있다

생 루이 섬은 시테 섬 아래에 있는 작은 섬이다. 행정 구역상으로는 파리 시청이 있는 4구에 속한다. 관광객들은 노트르담 성당이 있는 시테 섬만 분주히 오갈 뿐, 생 루이 섬은 잘 찾지 않는다. 다만 생 루이 섬의 진가를 아는 파리 사람들만이 이곳으로 걸음을 옮긴다. 한때, 생 루이 섬의 오텔 드 로죙 3층에서 시인 보들레르가 살기도 했다. 생 루이 섬에는 아직까지 유리와 철로 된 현대 건물이 없을 정도로 옛 풍경을 잘 간직하고 있다. 생 루이 섬을 잇는 다리들은 시테 섬과 마레 지구, 라탱 지구로 연결된다. 생 루이 섬으로 가는 가장 좋은 방법은 노트르담 성당 뒤 요한 23세 공원과 연결된 다리를 건너는 것이다.

생 루이 섬 초입의 카페에는 언제나 이곳의 매력을 아는 사람들로 가득하다. 저마다 노천카페에 앉아 카페(에스프레소 커피) 한 잔과 물 한 잔을 놓고 시원하게 담배 연기를 내뿜고 있다. 무슨 할 말이 그리 많은지 사람들의 이야기는 끊이지 않는다.

이 섬을 가로지르는 유일한 대로를 걷다 보면 얼마 가지 않아 생 루이 섬의 명물인 베르티옹 아이스크림 가게가 보인다. 파리의 아이스크림은 아이만 먹는 군것질거리가 아니다. 할아버지부터 아저씨, 아주머니까지 살살 녹는 베르티옹 아이스크림을 먹기 위해 길게 줄을 선다. 베르티옹 아이스크림 앞에서는 노약자 우대가 없다! 오랫동안 기다린 끝에 아이스크림을 받아든 어른들의 표정이 지난 겨울 입었던 코트에서 10만 원짜리 수표라도 발견한 듯하다. 베르티옹과 달리 인근 아이스크림 가게는 베르티옹의 인기에 눌려 파리만 날린다. 대로 양쪽에는 갤러리와 아기자기한 기념품 가게, 레스토랑, 바 등이 자리 잡고 손님을 부른다. 대로의 끝에는 마레 지구와 이어진 다리가 있어 생 루이 섬 여행을 아쉽게 한다.

신상녀
마리 앙투아네트

밥 없으면 빵 먹어!

신상녀는 새로 나온 제품에 열광하는 사람을 말한다. TV 속의 신상녀는 자기만을 중시하는 얄미운 이미지로 표현되지만 웬일인지 대중들은 그런 신상녀를 좋아한다. 더 심하게는 학력 위조 문제로 물의를 일으킨 S 여인이 입었던 명품 옷이 많은 인기를 끌었고 탈옥수로 악명이 높았던 S 씨의 명품 티셔츠도 찾는 이가 많았다고 한다. 외국에서는 필리핀의 마르코스 대통령의 영부인이었던 이멜다가 가지고 있던 수천 켤레의 신상 구두가 사람들을 뜨악하게 했다. 그런데 사람들은 이멜다의 사치를 욕하면서도 한편으로는 부러워했다.

파리에는 마리 앙투아네트라는 신상녀가 있었다. 때는 1789년 가을, 식량 부족으로 허덕이던 파리 시민들이 왕이 있는 베르사유 궁전으로 몰려와 사태 해결을 요구했다. 옛 우리의 왕처럼 왕실 곳간을 열어 굶주린 파리 시민들의 배를 채워 주었다면 지금까지 전해지는 아름다운 이야기가 되었을지도 모른다. 그러나 오스트리아에서 프랑스의 루이 16세에게 시집와 궁궐에서 호의호식하던 마리 앙투아네트는 세상 물정을 모른 채 이렇게 말했다.

"밥 없으면 빵 먹으면 되잖아(각색을 좀 했음)."

이에 분노한 시민들은 급기야 베르사유 궁전을 습격해 루이 16세와 마리 앙투아네트를 파리로 압송하기에 이르렀다. 마리 앙투아네트는 시테 섬의 콩시에르쥬리에 감금되었다.

아르헨티나에는 마리 앙투아네트와 반대의 삶을 산 영부인이 있었다. 그녀는 영화배우 출신의 에바 페론이었다. 에바 페론은 〈돈 크라이 포 미 아르헨티나(Don't cry for me, Argentina)〉라는 노래의 주인공으로 잘 알려져 있다. 나중에 에바 페론을 두고 대중의 인기만을 생각한 포퓰리즘의 상징이 아니냐는 질시가 있었지만 그녀가 대중과 함께 소박하게 살아간 것은 부인하지 못할 것이다. 사르코지 전 프랑스 대통령과 결혼한 모델 출신 부르니도 예쁜 외모와 세련된 옷차림으로 대통령의 인기를 높이는 데 크게 기여했다. 부르니의 차림새가 마리 앙투아네트만큼 눈에 띄지는 않았지만 그 옷의 라벨을 보면 하나같이 명품인 것은 틀림없는 사실이다. 알고 보면 부르니도 신상녀인 것이다.

하지만 세상은 변했다. 여성이 자신의 주장을 분명하게 말할 때가 되었다. 때론 여성들이 자신의 주장을 말하고 권리를 찾으면 자신만 아는 여자로 치부되기도 하지만 여성이기 때문에 자신을 감추는 일은 요즘 시대와는 맞지 않다. 자신의 것조차 갖지 못하는 착한 여자가 되기보다 자기 것을 챙기는 악녀가 되자. 신상을 원하면 마리 앙투아네트처럼 신상을 원한다고 말하자. 그것이 더 솔직하고 당당해 보인다. '밥 대신 빵을 먹어'란 말로 시민들의 화를 돋우긴 했어도 마리 앙투아네트는 그 책임을 왕에게 미루지 않았고, 왕비로서 자신의 의견을 피력했다. 비록 그 말이 틀린 말일지라도.

마리 앙투아네트의 최후의 날들

마리 앙투아네트가 콩코르드 광장의 단두대에 올라 최후를 맞이하려는 순간이었다. 그녀가 단두대에 오를 때 실수로 간수의 발을 밟았다. 이때 죽음을 앞둔 마리 앙투아네트가 이렇게 말했다지.

"어머나! 제가 발을 밟고 말았네요. 부디 용서하세요."

"……."

간수는 곧 죽을 마리 앙투아네트가 하는 말을 듣고 황당해 할 말을 잃었다고 한다. 보통 사람이라면 원치 않는 죽음을 앞두고 없던 원망도 생기게 마련인데 마리 앙투아네트는 그렇지 않았던 모양이다. 마리 앙투아네트는 간수에게조차 예의가 밝았고 죽음 앞에 초연했던 듯하다.

마리 앙투아네트가 최후의 나날을 보낸 콩시에르쥬리는 14세기 왕궁이었다. 지금은 최고 재판소 건물 중의 하나인데 공교롭게도 프랑스 혁명 중 마리 앙투아네트를 비롯한 죄인을 가두는 감옥 역할을 했다. 프랑스 혁명군은 그나마 마리 앙투아네트에게 왕비 대접을 해 주려 독방을 주었다. 그녀가 있던 작은 방에는 조그만 침대와 탁자 하나가 있었다. 24시간 두 명의 간수가 한 방에서 마리 앙투아네트를 감시했다고 한다. 창가에 쳐진 창살은 아이 손목 두께의 강철로 헐크가 와도 벌리지 못할 정도였다. 설사 방을 나간다고 해도 밖은 콩시에르쥬리 건물의 바깥채 건물로 막혀 있었다. 바깥 세상의 소리는 전혀 들리지 않았을 것이다. 다만, 옆방에서

CONCIERGERIE

죄인을 고문하는 소리, 살이 터져 신음하는 소리만 들렸을 것이다. 마리 앙투아네트가 머물렀던 방 지하에 작은 예배당이 있어 주일에 한 번씩 드리는 기도가 유일한 위안이 아니었을까. 마리 앙투아네트가 살아남아 콩시에르쥐리에서의 지난날을 돌아보았다면 그녀 역시 역사의 희생자라는 생각을 했을지 모른다. 오스트리아의 마리아 테레지아 왕비의 막내딸로 귀여움을 받으며 일생을 편히 살 수 있었을 텐데, 나라를 위해 14세 때 정략 결혼으로 프랑스에 왔으니 말이다.

신상녀 마리 앙투아네트라는 제목을 지어준 것이 미안하게, 그녀를 죽음으로 내몬 죄명 중에는 국고를 낭비한 죄가 있다. 마리 앙투아네트는 감옥에 있으면서 소심한 루이 16세를 격려하고 왕가를 다시 일으키기 위해 귀족 미라보를 매수하기도 했다. 단순히 신상만 좋아하는 신상녀가 아닌 할 일은 하는 여성이었던 것이다. 마리 앙투아네트는 한때 사교, 관극, 음악, 미술 등의 모임에서 매력을 발휘해 '작은 요정'이라는 별명을 얻었다고 한다. 마치 요즘 인기 버라이어티 프로그램에서 다양한 신상녀가 매력을 발산하는 것처럼 말이다. 둘은 닮은 데가 있는 것 같다.

생 미셸 역에서 남쪽으로 내려가면 파리 사람들이 즐겨 찾는 뤽상부르 공원이 있다. 행정 구역상으로 6구에 속하고 관광객들은 대개 생 테티엔느 뒤 몽 성당과 팡테옹을 둘러보고 생 미셸 역으로 돌아가는 길에 뤽상부르 공원에 들르게 된다. 공원으로 들어가면 우선 줄지어 심어 놓은 플라타너스가 울창하게 자란 것을 볼 수 있다. 플라타너스 길을 걸어가면 팔각형의 연못이 있다. 연못의 중앙에 분수가 있어 시원한 물줄기를 내뿜고, 연못 주위에는 긴 의자에 누워 일광욕을 하는 파리 시민들이 있다. 햇빛은 한국보다 날카롭게 느껴진다. 땡볕 아래 있으면 머릿속까지 햇빛이 파고드는 느낌이다. 그래도 건조해서인지 땀이 날 정도로 덥진 않았다.

이는 서울보다 위도가 높아서일 것이다. 파리의 위도는 일본의 홋카이도와 비슷하다. 파리 사람들은 긴 의자에 누워 맨얼굴로 땡볕과 맞서고 있다. 어떤

사람은 오랫동안 땡볕에 일광욕을 했는지 얼굴이 붉게 되었는데도 개의치 않는 표정이다. 동양 사람들은 조금만 땡볕에 노출되어도 살이 검게 타는데 파리 사람들은 잠깐의 일광욕으로는 아무 변화가 없는 것이 신기하기만 하다.

연못의 한편에는 현재 상원 건물로 쓰이는 뤽상부르 궁전이 있다. 원래 뤽상부르 공원은 루이 13세가 어머니인 마리드메디시스를 위해 지은 뤽상부르 궁에 딸린 프랑스 정원이었다. 한때 근처에 살던 헤밍웨이가 뤽상부르 공원에 와서 살찐 비둘기를 몰래 잡아먹기도 했다. 파리 사람들은 뤽상부르 공원에 딸린 뤽상부르 극장에서 인형극을 보거나 오래된 회전목마를 타며 즐거운 시간을 보낸다. 공원 곳곳에 여러 조각들이 있어 이곳이 예술의 도시 파리임을 실감하게 한다.

찬란한 보랏빛,
생트 샤펠 성당

파리에서 가장 오래된 성당

    파리의 남북을 가로지르는 지하철 4호선을 타고 생 제르맹 데 프레 역에서 내리면 생 제르맹 데 프레 성당이 나온다. 이 성당은 542년에 세워졌으며 파리에 있는 성당 중 가장 오래된 역사를 지니고 있다. 오래된 성당에는 믿거나 말거나 한 전설이 하나쯤 있기 마련인데 생 제르맹 데 프레 성당에도 그럴듯한 이야기가 전해진다. 프랑크 왕국의 시조인 클로비스 1세의 아들 실드베르 1세가 에스파냐 지역에서 예수가 매달린 십자가와 관련 있는 황금 장식의 유물 상자와 사라고사의 수호자인 생 빈센트의 성의를 가지고 파리로 돌아왔다. 이때만 해도 프랑스와 지금의 스페인인 에스파냐가 한 나라였다. 이 소식을 들은 사람들이 호시탐탐 유물 상자와 성의를 노리자 믿을 건 수도사뿐이라는 생각에 생 제르맹 데 프레 성당을 짓게 되었다는 것이다. 재미있는 것은 소설 〈다빈치 코드〉가 예수의 성배에 대해 다룬 것처럼 6세기 무렵만 해도 예수가 매달린 십자가라든지 성배 등 예수와 직접 관련된 이야기가 실제로 있었다는 것이다. 〈다빈치 코드〉의 주장대로라면 생 제르맹 데 프레 성당을 지은 실드베르 1세는 예수와 막달라 마리아와 관련 있는 메로빙거 왕조의 후손이기도 하다.

    성당 안으로 들어가면 어린 예수를 안고 있는 마리아상인 〈평안의 성모 마리아〉가 보인다. 안이 어두워 여러 번 다시 찍어도 제대로 된 사진을 건지기가 쉽지 않다. 조금 더 들어가면 한 성인의 청동상이 있는데 관광객들이 너나할 것 없이 성인의 발을 만지고 간다. 얼

마나 많이 만졌는지 다른 곳은 어두운데 발만 밝게 빛난다. 이것이 모두 소원을 빌고 성인의 축복을 받고자 하는 일이다. 나도 슬쩍 성인의 발을 만져 봤다. 나는 무슨 소원을 빌어야 할까. 우연히 만난 한국 여행자들과 대화를 나누다 보면 다른 나라 여행자들에 비해 고민이 많은 것을 알 수 있다. 너무 많이 올라 버린 대학 등록금, 취업 고시란 말까지 생긴 취업 문제, 제때 결혼하지 못하면 이상하게 보는 결혼 문제, 결혼한 후에는 집 장만과 육아까지 고민스러운 일이 한두 가지가 아니다. 이 때문에 한국 여행자들은 여행을 마음껏 즐기지 못한다는 느낌이 자주 든다. 그럼, 다른 나라 사람들은 이런 고민이 없을까. 그건 아닐 텐데 그들은 여행을 충분히 즐기는 느낌이다. 직장을 그만두고 왔다는 호주 사람인 대릴에게 "돌아가면 어떡하려고 일을 그만두고 왔어?"라고 걱정했더니, 그는 "일 자리는 다시 찾아보면 되고, 뭐 취업될 때까지는 보수는 적지만 아르바이트하면 되고."라고 답하며 웃었다. 뜻밖에 대릴에게서 낙천적인 '되고 송'을 들었다.

"그래, 모든 고민은 성인에게 맡기고 오늘은 즐겁게 사는 거야."

모든 사람이 목표를 향해 달려간다고 다 뜻을 이루는 것은 아니다. 차근차근 준비하며 목표를 향해 천천히 나아가면 언젠가 원하는 곳에 다다르지 않을까. 이제 성인의 발을 만졌으니 모든 이의 소망이 이루어질 것이라 믿는다.

찬란한 보랏빛, 생트 샤펠 성당

　　최고 재판소 안에 있는 생트 샤펠 성당은 두 번 걸음을 해서야 들어갈 수 있었다. 처음 왔을 때에는 클래식 공연이 있어서 일반 입장객을 받지 않았고, 두 번째 왔을 때에도 생트 샤펠에 쉽게 들어갈 수는 없었다. 생트 샤펠 성당이 있는 최고 재판소 주위에는 항상 무장을 한 경찰들이 삼엄한 경비를 서고 있다. 생트 샤펠에 들어가려면 최고 재판소 출입 수준의 검사를 받아야 한다. 몸에 있는 동전이나 열쇠 같은 금속 물체를 빼서 쟁반에 놓고 금속 탐지기로 검사를 받아야 하고 가방은 엑스레이 검사대를 통과시켜야 한다. 이런 사정을 모르는 끝 줄에 있는 사람들은 입장이 늦다고 궁시렁거린다.

하지만 이런 번거로움은 생트 샤펠 성당 안에 들어가는 순간 거짓말처럼 사라진다. 생트 샤펠 성당은 다른 성당처럼 좌우에 회랑이 있는 것이 아니라 스테인드글라스 창으로 둘러싸여 있다. 커다란 스테인드글라스의 주된 색감은 보라색으로 왕과 왕실 예배를 위한 성당이었음을 알게 된다. 성당 안에는 온통 찬란한 보랏빛 기운이 맴돌고 있었다. 성당 안에 들어온 사람들은 저마다 "와우~" 하고 탄성을 질렀다. 모두가 잠시 넋을 놓은 채 아름다운 보랏빛 스테인드글라스를 바라보았다. 나도 입을 헤~ 벌린 채 사방을 둘러싼 스테인드글라스에서 뿜어져 나오는 신비로운 보랏빛에 정신을 빼앗기고 말았다. 아름답고 신비로웠다. 그 외에 무슨 말로 다 표현할 수 있을까. 왼쪽의 스테인드글라스부터 창세기의 내용을 묘사하고 있다. 중앙에 있는 장미의 창은 요한계시록의 내용이라고 한다. 창세기든 요한계시록이든 어떤 것이면 어떠랴. 지금은 그저 신비로운 기운만이 나를 압도하고 있을 뿐이었다. 전하는 얘기로는 생트 샤펠 성당은 1248년 예수의 가시면류관과 요한의 두개골 일부를 보관하기 위해 지어져 봉헌되었다고 한다. 이들 성물은 프랑스 혁명 후에 노트르담 성당으로 옮겨졌다. 예수의 가시면류관과 세례 요한의 두개골이라니 차마 믿기 어려운 이야기다.

생트 샤펠 성당의 내부를 보면 이곳에서 클래식 공연을 보는 것도 나쁘지 않을 것 같다. 클래식 선율 속에 아름다운 생트 샤펠의 스테인드글라스가 더욱 빛날 것 같다. 그런 이유 때문인지 생트 샤펠 성당에서는 클래식 공연이 자주 열린다. 언젠가 기회가 된다면 생트 샤펠 성당에서의 클래식 공연을 꼭

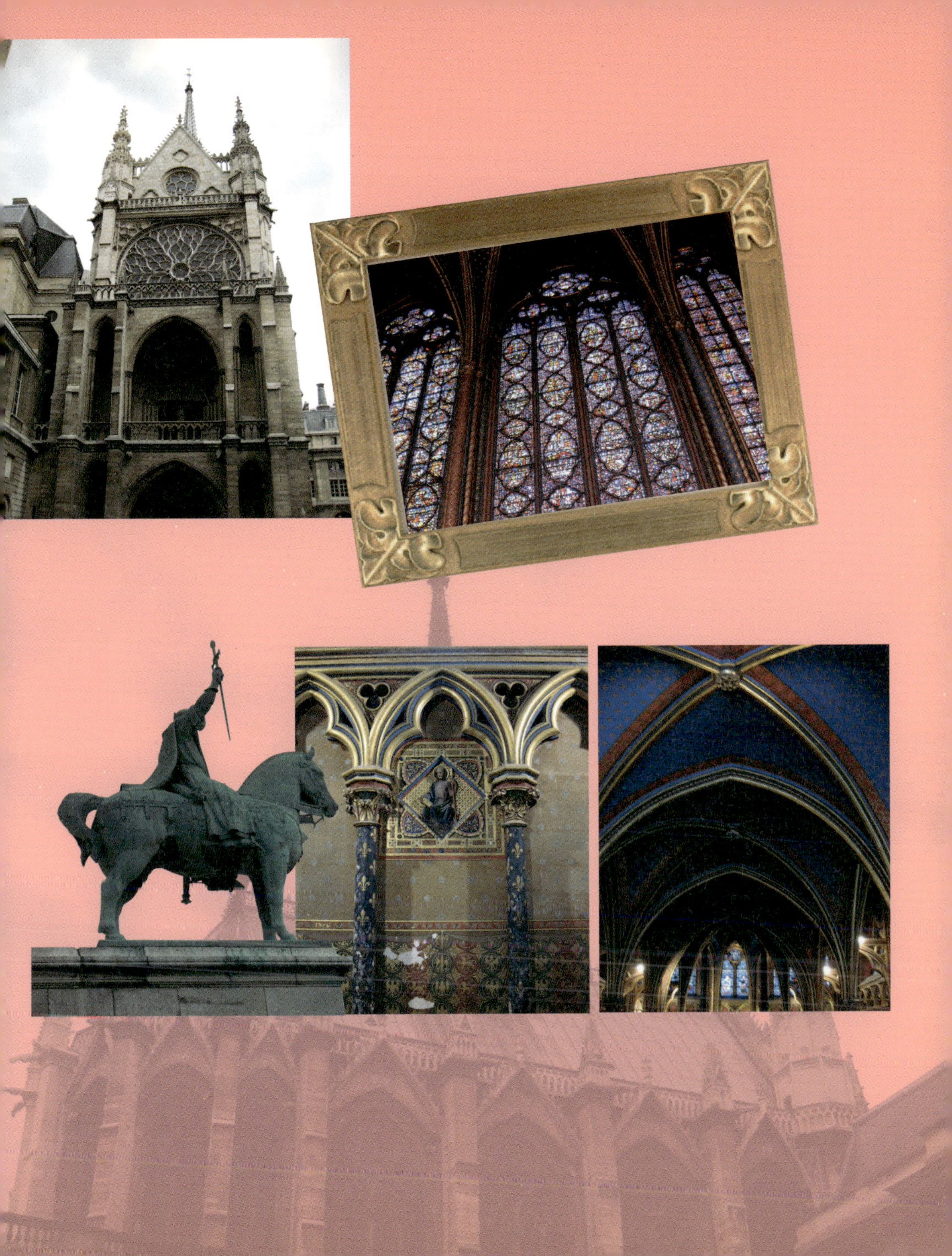

보고 싶다. 대성당에서 하는 클래식 공연이 웅장하다면 생트 샤펠 성당에서 하는 클래식 공연은 소극장이나 살롱 같은 소박함이 느껴질 듯하다.

세느 강 북쪽에 있는 성당 중에서는 포럼 데 알 옆에 있는 생 외스타슈 성당이 인상적이다. 성당은 우선 한눈에 보기에 규모가 크고 고딕과 초기 르네상스 양식이 혼합되어 앞모습이 그리스 신전을 연상케 한다. 웅장한 겉모습에 큰 기대를 가졌다면 성당 안을 보고 다소 실망스러움을 느낄 것이다. 성당을 떠받치고 있는 거대한 돌기둥은 오히려 성스러운 느낌을 반감시킨다. 대신 8,000개의 파이프로 이루어진 파이프 오르간의 소리가 장엄한 아름다움을 뽐낸다. 미사 시간이 아니어서 잠깐 듣고 말았지만 파이프 오르간 연주는 리스트와 베를리오즈 같은 음악가를 불러들이기에 충분하다. 실제로 리스트와 베를리오즈는 이곳에서 자신들의 작품을 시연하기도 했다.

몽마르트르 언덕 위에는 사크레쾨르 성당이 있다. 사크레쾨르 성당은 1919년에 프러시안과의 보불 전쟁에서 패한 후 반성의 의미로 세워졌다. 파리에서 제일 높은 몽마르트르 언덕 위에 있어 파리 어디에서나 흰색으로 빛나는 사크레쾨르 성당을 볼 수 있다. 사크레쾨르 성당에는 목 없는 성인의 전설이 전해진다. 2세기 프랑스의 수호성인 생 드니가 기독교를 전파하다가 로마군에게 잡혀 몽마르트르 언덕에서 참수를 당했다(실제 몽마르트르라는 지명은 '순교자의 언덕'이라는 뜻이다.). 그가 참수당한 후, 그는 자신의 머리를 들고 도망쳤다고 한다. 믿거나 말거나!

납량특집에 나올 만한 조금 섬뜩한 이야기지만 믿음대로 목숨을 내놓고, 죽은 뒤에는 자신의 것을 소중히 간직하려는 강한 의지가 엿보인다. 섬뜩한 전설과 달리 몽마르트르 언덕의 사크레쾨르 성당은 평온해 보였고 오히려 성당 옆 테르트르 광장의 떠들썩함에 동요되고 있었다.

셰익스피어 앤 코(Shakespeare & Co)는 노트르담 성당이 보이는 행정 구역
상 5구인 라텡 지구에 있는 서점이다. 이 책방에서는 새책과 앤티크 서적, 헌책
등을 같이 팔고 있다. 라이브러리라 불리는 파리의 서점에서는 새책과 헌책을
동시에 파는 것이 일반적이다. 헌책 준다고 싸우지 말 것! 파리에 있는 서점인데
왜 서점 이름이 셰익스피어 앤 코일까, 루소 앤 코나 발자크 앤 코가 되어야 하지
않을까? 그것은 셰익스피어 앤 코가 파리에서 제일 오래된 영어책 전문 서점이
기 때문이다. 셰익스피어 앤 코는 1919년에 문을 열었고 당시 파리에 있던 헤밍
웨이나 조지 오웰, 조이스, 피츠제럴드 같은 영어권 작가들이 드나들었다. 이들
은 이곳에서 프랑스 작가들과 교류했다. 영미권 문학에서 최고의 작품으로 손꼽
히는 조이스의 〈율리시스〉는 1992년 이 서점에서 최초로 출간되었다.

셰익스피어 앤 코에서는 매년 6월 중순에 '페스티벌 앤 코'라는 책 축제를 열고 있다. 인근 작은 공원에 간이 무대를 마련하고 유명 작가를 초청해 강연회를 여는 것이다. 작은 책방에서 주최하는 책 축제에 과연 누가 올까 싶겠지만 책 축제 당일이면 거짓말처럼 많은 사람이 좌석을 가득 메우고 평소 관심을 갖고 있던 작가의 강연을 듣는다. 강연이 끝난 뒤에는 작가의 사인회도 열리는데 길게 늘어선 줄에서 책을 사랑하는 마음이 느껴진다. 어느새 대형 서점에 익숙해진 우리로서는 셰익스피어 앤 코에서 작은 서점의 힘, 전통 있는 서점의 힘을 다시 한 번 느끼게 될 것이다. 셰익스피어 앤 코의 주인은 스스로 이렇게 말한다.

"어떤 사람들은 나를 라탱 쿼터의 돈키호테라고 부른다."

파리의 돈키호테가 책으로 세상에 등불을 밝히고 있었다.

퐁피두 센터와
현대 미술 감상

잘 지은 건물 하나의 힘

파리에서 만난 그녀가 퐁피두 센터에서 사람을 만나기로 했다고 말했다.

"퐁피두 센터 어디서?"

"그냥 퐁피두…….."

"그 사람 많은 곳에서 어떻게 찾으려고."

그녀는 파리가 처음이었다. 파리를 경험한 사람이라면 막연히 퐁피두에서 약속을 잡지 않을 것이다. 파리에서는 사람들이 와글와글 모이는 곳이 몇 군데 있다. 몽마르트르 언덕과 에펠탑, 노트르담 성당, 퐁피두 센터다. 퐁피두 센터에 사람이 많더라도 광장이나 분수대, 퐁피두 센터의 로비를 찾아 헤매다 보면 결국은 만날 수 있을 것이다. 하지만 북적이는 사람들 틈을 헤집고 다니다 보면 곧 짜증과 피곤을 느끼게 된다. 그냥 '퐁피두에서 만나!' 하는 것은 복잡한 시장통에서 사람을 만나는 것이나 마찬가지다. 가능한 이런 곳은 약속 장소로 피하는 것이 좋다. 사람들이 너무 많아 찾기 어렵고 가까운 카페에 들어가려 해도 자리 잡기는 애초에 불가능하다. 자리를 잡았어도 카페의 커피 값은 동네 카페보다 서너 배 비싸다.

언제나 사람들이 가득한 퐁피두 센터는 대체 무슨 매력이 있어 파리 사람들과 전 세계의 관광객이 몰려드는 것일까. 마치 집단 최면에 걸린 사람들처럼 람부뜨리 지하철역에서 내린 사람들이 퐁피두 센터로 발걸음을 옮긴다. 퐁피두 센터의 정식 명칭은 국립 조르주 퐁피두 예술 문화 센터이다. 진보적인 문화 정책을 주장한 퐁피두 전 대통령의 이름을 딴 퐁피두 센터 안에는 도서관과 영화관, 파리 국립 근대 미술관 등이 있다. 재미있는 것은 퐁피두 센터를 찾는 대부분의 사람들이 센터의 내부 시설을 이용하기보다 독특한 건물 외부를 보는 것으로 만족한다는 것이다. 퐁피두 센터의 외부에는 배관과 에스컬레이터 등 건물 내부에 있어야 할 것들이 나와 있다. 사람들은 마치 퐁피두 센터 자체를 하나의 조각품이나 기념탑 보듯이 한다. 실제 퐁피두 센터에 가 보니 퐁피두 센터 안으로 들어가지 않고 광장이나 분수대에서 퐁피두를 바라보며 이야기를 하는 사람들이 많았다. 그런 퐁피두 센터를 보고 있자니 잘 지은 건물 하나의 힘이 정말 대단하다는 것을 알 수 있었다. 전 세계 사람들이 그것을 보러 달려오고, 그것을 배경으로 사진을 찍으며 행복해하니 말이다. 퐁피두 센터를 공동 디자인한 건축가 로저스의 건물이 서울의 여의도에도 세워질 예정이라고 하니 기대해 보자.

파리를 돌아다니다 보면 사소한 것이라도 아무렇게 디자인된 것이 아님을 알 수 있다. 광고판 하나도 똑같거나 비슷한 것이 없다. 하나하나 의도를 가지고 디자인해서 세워 놓은 것이다. 이런 게 모두 현대 미술이 아닌가 싶다. 꼭 미술관 안에 있어야 현대 미술은 아니다.

그럼 미술관 속의 최신 현대 미술은 어떤 모습일까. 퐁피두 센터 내의 파리 국립 근대 미술관으로 들어가 구경해 보자. 미술관으로 들어가려면 퐁피두 센터 안으로 들어가서 2층으로 올라간 뒤, 건물 밖으로 나온 에스컬레이터를 타고 올라가야 한다. 좀 복잡하다. 에스컬레이터를 타고 최상층까지 올라가면 파리 시내가 한눈에 보여 전망대가 따로 없다. 파리 시내에서 제일 눈에 띄는 것은 에펠탑과 몽마르트르 언덕의 사크레쾨르 성당이었다.

파리 국립 근대 미술관 안에서 제일 먼저 눈에 띄는 작품은 잭슨 폴록의 것이다. 뉴욕에서 명성이 자자한 현대 미술의 슈퍼스타 잭슨 폴록. 물감을 아무렇게 뿌려놓은 듯한 그의 작품이 최고의 현대 미술품으로 여겨지고 있다. 언뜻 보면 파리 변두리에서 쉽게 볼 수 있는 담벼락 낙서인 그래피티 같지만 잭슨 폴록의 작품은 평론가로부터 그 의미를 부여받았다. 잭슨 폴록은 '뉴욕의 피카소', '액션 페인트의 대가'로 불리는 반면 파리의 그래피티 아티스트는 법을 어기는 범죄자로 여겨진다. '담벼락의 피카소, 액션 스프레이의 대가'로 불러도 충분할 것 같은 데 말이다. 잭슨 폴록과 그래피티의 공통점은 자유로움과 상상력이다. 어떤 그림이든 내가 그리고 싶은 대로 기발한 상상력을 발휘해서 그리면 작품

이 만들어진다.

　그 다음으로 눈길을 끈 작품은 〈자전거 타는 두 사람〉 그림이다. 그림은 바로 걸려 있었으나 내가 보기에는 그림을 거꾸로 걸어 놓은 듯하다. 작가가 그림을 그릴 땐 바르게 놓고 그렸을 것인데 단지 걸어 놓을 때 심술이 났는지, "거꾸로!"라고 했을 것 같다.

　결국 그림은 거꾸로 걸렸고 큐레이터는 신나게 거꾸로 걸린 그림을 그럴 듯한 말로 포장했을 것이다. "현대 사회에 대한 조롱의 의미로 거꾸로 걸렸으며 문명의 이기인 자동차를 벗어나 인력으로 가는 자전거를 타고 현대인의 외로움을 달래기 위해 연인과 함께 달린다……." 잭슨 폴록의 그림처럼 〈자전거 타는 두 사람〉 역시 다른 사람으로부터 의미를 부여받은 공통점이 있다. 현대 미

술에서는 꼭 전문가의 의미 부여만 중요한 것은 아니니, 그림을 보는 관객 누구라도 자신의 느낌대로 의미를 부여해 보면 어떨까.

현대 조각 또는 현대 설치 미술은 더욱 황당하다. 입술 모양의 쇳덩어리, 공중에서 늘어뜨린 밧줄, 아무렇게 쌓아 놓은 돌멩이들이 당당히 현대 미술 작품으로서 자리를 잡고 있다. 그에 비하면 칼더의 모빌 작품은 얌전하기 그지없다. 그 외 초현실주의 르네 마그리트, 샤갈 등의 작품들은 현대 미술 작품에 비해 친근하게 다가오고 입체파의 기수 피카소, 브라크의 작품이 오히려 반갑게 느껴진다. 하지만 다시 현대 미술의 아이돌 스타인 칸딘스키를 만났을 때는 작품의 난해함 때문에 "대체 당신이 원하는 게 뭐야?" 하고 묻고 싶은 심정이 된다. 그나마 잭슨 폴록의 작품만큼 어지럽지는 않아 다행이다. 현대 미술 작품들을 보고 있으면 "누가 더 미친 놈인가." 하며 내기를 하는 듯하지만, 진짜 미쳐야 새로운 것을 창조할 수 있다는 점에서 작가들의 피나는 노력이 엿보인다. 불광불급(不狂不及), '미치지 않으면 미치지 못한다'는 옛말도 있다. 그에 비하면 우리는 미치지 않고 미술관에 전시된 작품을 편안히 감상만 하면 되니 얼마나 행복한가. 그래서 또다시 새로운 현대 미술 작품을 기대하며 퐁피두 센터로 발걸음을 옮기게 되는지도 모른다.

플랑테 산책로(Promenade plantée)는 바스티유와 리옹 역이 있는 행정 구역상 12구에 속한다. 바스티유에 가 본 사람일지라도 쉽게 플랑테 산책로를 보긴 힘들다. 이는 플랑테 산책로가 바스티유 오페라 뒤쪽의 고가도로(?) 위에 있기 때문이다. 정확히는 고가 철도 길이었던 곳에 풀과 나무를 심어 산책로를 만들었다. 그래서일까. 파리 사람들은 플랑테 산책로를 푸른 오솔길이라는 뜻의 '쿨레 베르트'라고 부르기도 한다. 플랑테 산책로는 바스티유에서 시작해 파리 외곽 뱅센느 숲까지 이어지는데 그 길이가 4.5km에 달한다. 바스티유에서 뱅센느 숲으로 향하면서 조금씩 고도가 높아지는데 뱅센느 숲에 다다르면 언덕(?)에서 파리를 조망하는 기분이 든다.

이른 아침에 조깅을 하러 플랑테 산책로에 간다면 헛수고를 하게 된다. 플랑테 산책로는 보통 오전 9시에 출입구를 개방해 저녁 10시 무렵에 닫기 때문

이다. 플랑테 산책로에서는 조깅을 하는 사람들을 쉽게 볼 수 있다. 파리 사람들은 바스티유에서 뱅센느 숲 방향으로, 혹은 뱅센느 숲에서 바스티유 방향으로 쉴 새 없이 뛰어다닌다. 보통은 두 사람이나 네 사람씩 무리를 지어 달리는 경우가 많다. 파리 사람들에게 달리기는 평일과 주일의 구분 없이 수시로 하는 운동이다. 플랑테 산책로에는 벤치에 앉아 책을 읽거나 담소를 나누는 사람의 모습도 심심치 않게 볼 수 있다.

플랑테 산책로는 고가 도로여서 일상의 소란스러움과 격리되는 효과가 있다. 고가 도로 아래에는 부티크와 갤러리, 카페 등이 있어 언제라도 산책로를 벗어나 다시 파리의 일상으로 돌아갈 수 있다.

다 같이 돌자,
파리 한 바퀴

파리에서 만난 그녀는 바르셀로나로 간다고 했다.

"축구 시즌이면 스페인 프리메라리가 경기를 보면 좋은데."

"아니, 가우디가 지은 건물들을 보려고. 구엘 공원, 카사밀라, 사그라다 파밀리아 교회 같은 데 있잖아."

그녀는 순전히 가우디 때문에 바르셀로나로 갔다. 그렇다고 그녀가 건축이나 인테리어 지망생은 아니었다. 그저 보통 여행자일 뿐이었다. 그녀처럼 가우디의 건축물을 보려고 바르셀로나로 가는 사람이 많다. 파리에도 파리 하면 떠오르는 건축물이 많이 있다. 누가 '예술의 도시, 파리' 아니랄까봐 옛 건물은 물론 새로 지은 건물까지 독특한 디자인을 자랑하는 건축물이 많다. 누가 누가 더 특이하게 건물을 짓나 내기라도 한 것일까. 파리의 건축물들은 하나같이 남다른 의미가 담겨 있어 인상에 남는다.

먼저 세느 강 남쪽에서 뛰어난 건축물을 들라면 아랍 문화원을 꼽을 수 있다. 유명 건축가인 장 누벨이 설계한 아랍 문화원은 아랍 전통의 격자창과 카메라 조리개 모양을 모티브로 해서 지어졌다. 이 때문에 아랍 문화원은 아랍의 전통과 현대적 느낌, 서양의 건축이라는 세 가지 요소가 적절히 배합된 건축물이 되었다. 마치 아랍과 서양의 상호 문화 이해, 교류를 위해 아랍 문화원을 지은 목적을 아는 것처럼 말이다. 장 누벨의 작품은 한국에서도 볼 수 있는데 삼성의 리움 제2미술관이 바로 그것이다. 아랍 문화원에 비하면 녹슨 스테인리스 외관의 투박한 단

순미를 강조한 건물이어서 다소 실망스러울 수도 있을 것이다.

발걸음은 자연스럽게 아랍 문화원에서 팡테옹으로 이어진다. 팡테옹은 1774년에 루이 15세의 지시로 자크 제르맹 수플로가 설계한 신고전주의 건물이다. 원래는 생트 쥬느비에브 교회를 대신할 교회였으나 프랑스 혁명을 거친 뒤, 팡테옹이라 불리며 장 자크 루소, 빅토르 위고, 에밀 졸라 등 프랑스 위인의 유해를 안치하는 곳이 되었다. 일종의 국립묘지인 셈이다. 위인들의 묘지는 팡테옹 지하로 내려가면 볼 수 있다. 각 위인의 묘지 앞에는 친절하게 위인의 사진과 그의 일생에 대해 적어 놓았다. 프랑스어로 적혀 있어서 제대로 읽을 수는 없지만 위대한 인물들이 잠든 공간에 서 있다는 것만으로도 가슴이 벅차오를 것이다.

원래 팡테옹은 교회 건물이었던 까닭에 특유의 십자가형 구조를 가지며 중앙에는 커다란 돔이 있다. 이 돔에서는 1851년에 물리학자 푸코가 진자를 매달아 지구의 자전을 증명했다. 지금도 돔에 매달린 진자가 지구 자전에 따라 느린 속도로 움직이는 것을 볼 수 있다. 움베르토 에코는 〈푸코의 진자〉라는 소설에서 지구의 에너지를 지배하는 열쇠로 푸코의 진자를 표현하기도 했다. 이 소설에서는 프랜시스 베이컨, 모차르트, 히틀러 등이 성당 기사단의 일원이었음을 주장하며 훗날 〈다빈치 코드〉류의 소설을 예고하고 있다. 성당 기사단이 바로 〈다빈치 코드〉에서 등장하는 템플 기사단이다.

세느 강 북쪽에 있는 뛰어난 건축물들

에펠탑에서 세느 강을 건너면 보이는 타원형의 건물이 샤이요 궁이다. 팡테옹과 더불어 신고전주의 건물로, 원래는 궁이었으나 현재는 영화 도서관, 인류 박물관, 해양 박물관 등이 입주해 있다. 대부분의 사람들은 에펠탑을 한눈에 보기 위해 샤이요 궁을 찾는다. 에펠탑 사진이나 에펠탑을 배경으로 한 광고는 거의 샤이요 궁에서 찍었다고 해도 과언이 아니다. 가히 에펠탑을 관람하는 명당이라 할 만하다. 샤이요 궁 앞에는 트로카데로 정원과 세느 강, 에펠탑이 샤이요 궁의 정원처럼 펼쳐져 있다. 햇빛 좋은 날에는 트로카데로 정원에서 웃통을 벗은 건장한 청년이나 속옷 차림의 아가씨들이 일광욕하는 모습을 볼 수 있다. 샤이요 궁에서 튈르리 공원을 지나면 길은 세계에서 가장 규모가 크다는 루브르 박물관으로 이어진다.

　　루브르 박물관은 13세기 초 필립 오귀스트(필립 2세)에 의
해 지어졌고 현재의 유리 피라미드는 미테랑 대통령의 '그랑 루
브르' 계획하에 건설되었다. 건축가 이오 밍 페이의 유리 피라
미드는 건설 당시에 루브르 박물관과 어울리지 않는다는 혹
평을 들었으나 지금은 루브르 박물관의 상징이 되고 있다.

　　파리에서 피라미드는 그리 낯선 상징이 아니다. 콩코르
드 광장에 있는 거대한 오벨리스크 역시 이집트에서 온 것이기 때
문이다. 소설 〈다빈치 코드〉를 쓴 댄 브라운은 그동안 누구도 이용하지
않은 유리 피라미드를 자신의 소설 속에서 가장 중요한 장소로 차용했다. 단순히
고전과 현대가 합쳐진 이미지를 가졌던 유리 피라미드는 〈다빈치 코드〉라는 스
토리가 결부되어 전 세계 사람이 찾는 인기 장소가 되었다. 그러나 유리 피라미드
는 실제 박물관 지하층까지 햇빛이 잘 들게 하기 위한 유리 건물일 뿐이다.

　　루브르 박물관에서 마레 지구로 가면 네오 르네상스 양식으로 재건된 파리
시청을 볼 수 있다. 건물 외부에는 유명한 파리 인물 108명의 조각상이 있고 지
붕에는 기사 조각상이 창을 들고 광장을 내려다보고 있다. 파리 시청의 광장은
여름에는 꽃이 만발한 화원으로, 겨울에는 아이스링크로 꾸며져 파리 시민들
의 휴식처가 되고 있다 이곳을 찾았을 때는 마침 파리 시청에서 세계적인 여배
우이자 모나코의 왕비였던 그레이스 켈리의 회고전이 열리고 있었다. 파리시
는 파리와 인연이 있는 명사들을 통해 파리 홍보에 힘을 기울이고 있었다. 달리
말하면 파리에 관한 추억을 통해 파리에 와 보지 못한 사람을 불러 모으고 있는
것이다. 이탈리아의 로마라면 영화 〈로마의 휴일〉에 나왔던 오드리 헵번이 홍보

대사가 될 것이다. 〈로마의 휴일〉은 오래된 영화임에도 누구나 영화 속에서 오드리 헵번이 갔던 장소를 가 보고 싶어 한다. 그레이스 켈리는 파리의 어느 곳을 가 보았을까?

이 외에도 파리에는 독특하고 아름다운 건축물이 많다. 이들 건축물은 저마다 스토리를 가지고 있어 더 흥미롭다. 나폴레옹이 세운 개선문은 훗날 독일군(1871년), 연합군(1919년), 독일군(1940년), 연합군(1944년)이 교대로 통과했다는 사실이 재미있고, 에펠탑이나 유리 피라미드를 세울 때 한결같이 큰 논란이 있었다는 점 등은 많은 것을 시사해 준다. 그냥 건축물만 보는 것에 그치지 않고 그 안에서 파리의 역사와 문화를 배우게 된다. 파리의 건축물은 이제 파리를 대표하는 아이콘으로 자리 잡았다. 한때 63빌딩이 서울의 아이콘 역할을 한 적이 있는데 타이완의 101빌딩이나 상하이의 동방명주 빌딩이 생기면서 시시해진 느낌을 지울 수 없다. 파리의 멋진 건축물처럼 우리에게도 오래 남는 건축물이 많이 생기기를 기대해 본다.

　　파리의 지하철은 1900년에 개통되었고 메트로(Metro)라고 부르나, 지하철역 입구에는 메트로폴리탄이라고 적혀 있기도 하다. 지하철역 입구는 꽃나무 덩굴이 휘감겨 올라간 듯한 아르누보 양식의 조형물이 있는데 엑토르 기마르의 작품이다. 아르누보는 고대 그리스나 로마, 고딕 장식을 추종하는 장식 양식을 말한다.

　　파리의 지하철은 1호선에서 14호선까지 복잡하게 얽혀 있다. 1회 이용 요금은 1.7유로이고 10장짜리 회수권은 카르네(Carnet)라고 한다. 1주일권은 카르네 오랑쥐 에브도마디르, 한 달권은 카르네 오랑쥐 먼슬이라고 한다. 이 외에 파리 비지트 카드나 1일권인 모빌리스 같은 하루 이용권이 있다. 파리 시내에는 지하철 외에도 RER 교외 고속 전철이 다닌다. RER의 요금은 2존까지의 1회 이용권이 1.7유로이다. RER은 주로 샤를 드골 공항이나 베르사유 궁전을 오갈 때 이용한다. 파리 지하철과 RER은 거리에 따라 1존에서 5존으로 나뉘고 존에

따라 요금이 더해진다. 다행히 파리의 주요 볼거리는 대개 1존 안에 있다.

파리에서 3일 이내로 머물 예정이라면 1회권을 사서 쓰거나 10장짜리 카르네를 이용하고, 3일 이상이라면 1주일권인 카르네 오랑쥐 에브도마디르를 이용하자. 파리 시내를 걸어 다니는 것도 좋지만 짧은 거리라도 지하철을 타고 체력을 아끼는 것이 여행에 도움이 된다. 박물관이나 미술관 안에서 걸어야 할 양도 만만치 않으니 말이다. 경비를 아낀다고 걸어 다니는 사람도 있는데 여행에서 정말 아끼지 말아야 할 것이 시내 교통 요금이다. 지하철을 타고 시간을 아끼면 멋진 장소에서 그만큼 더 오래 머물 수 있다.

파리의 지하철역이나 지하철 안에서는 뜻하지 않게 거리의 예술가를 만나게 된다. 이들의 깜짝 공연을 보며 목적지까지 가는 동안 즐거운 기분을 만끽해 보자.

신도시
라 데팡스

출근하는 사람은 라 데팡스에 있다

파리 시내에서는 이른 아침에 출근하는 사람들의 행렬을 보기가 쉽지 않다. 루브르, 오르세, 퐁피두 센터, 에펠탑 같은 관광지(?)에서 일하는 사람들이 적지 않으나 서울에서 볼 수 있는 넥타이 부대의 행렬은 아니다. 사실, 파리 시내에는 회사원이 많이 근무하는 상업 지구 같은 곳이 없다. 라파예트나 프랭탕 백화점, 몽파르나스 타워 같은 곳이나 그나마 규모가 큰 회사가 있다. 파리의 아침 풍경만 보면 '파리에는 (큰 회사로) 출근하는 사람이 없나.' 하는 생각이 들 때가 있고, '큰 회사 없이 관광으로만 먹고 사니 복 받은 나라'라는 부러운 마음이 들기도 한다.

파리 넥타이 부대의 행렬은 신도시 라 데팡스에서 볼 수 있다. 이른 아침, 지하철 1호선을 타고 라 데팡스 역에 내리면 고층 빌딩으로 출근하는 사람들의 행렬이 보인다. 수십 명 아니 수백 명의 사람들이 꼬리를 물고 고층 건물 안으로 바삐 들어간다. 사실 라 데팡스는 행정 구역상 파리가 아니다. 라 데팡스의 행정 구역은 뇌이쉬르센(Neuilly-sur-Seine)으로 개선문에서 직선으로 8km밖에 떨어져 있지 않으나 엄연한 시외 지역이다. 옛 건물들로 가득한 파리와 달리 라 데팡스에는 첨단 고층 빌딩이 가득해 색다른 느낌을 준다. 영화 〈5원소〉의 미래 도시를 보는 느낌이다.

라 데팡스의 상업 지구에는 세계 각국의 1,500여 개 기업체가 입주해 있다. 프랑스의 20대 기업 중 14개 기입의 본사와 정부 기관이 자리 잡고 있기도 하다. 라 데팡스의 대표적인 회사로는 프랑스의 한전 격인 EDF, 피아트, C&A 백

화점, 힐튼 호텔, 델키아, 아르셀로, BNP 파리바 은행, 아레바, 소피텔, 르네상스 호텔, 석유 회사 엘프와 토탈, 보험 회사 AIG, 아그파 등이 있다. 라 데팡스에는 상업 지구뿐만 아니라 주거와 공원 지구가 함께 조성되어 있어, '일하고, 자고, 쉬는' 세 가지 요소를 모두 갖추고 있다.

생생한 건축 박물관

라 데팡스를 상징하는 건물은 신 개선문이다. 신 개선문은 프랑스어로 하면 '그랑드 아르쉬 드 라 데팡스'라는 긴 이름이 된다. 신 개선문은 덴마크의 건축가 오토 본 스프레켈센이 설계했다. 그는 배포가 큰 사람이었다. 신 개선문의 높이와 폭은 111m로 시테 섬의 노트르담 성당을 넣을 수도 있는 크기이다. 무슨 생각으로 이리 크게 만든 것일까. 원래는 더 컸는데 주위의 성화로 줄인 것이 이 정도라고 한다. 사각 구멍 안에 있는 천막은 구름을 상징하는 것으로 영구적으로 설치되어 있다. 신 개선문의 외부는 이탈리아산 흰 대리석으로 치장

되어 있다.

신 개선문 뒤로 색색의 신호등 비슷한 설치 예술품이 있고 그 뒤로 녹색 정원이 보인다. 신 개선문 왼쪽에는 건축가 키소 구로카와가 설계한 일본 타워, 건축가 안드로트 엣 파레가 설계한 소시에테 제네랄(Societe Generale)의 쌍둥이 빌딩이 있다. 쌍둥이 빌딩은 마징가 제트의 머리 부분을 연상시킨다. 기발한 아이디어에 감탄사가 절로 흘러나온다.

신 개선문 앞쪽으로 나오면 왼쪽에 평범한 BNP 파리바 은행 빌딩이 있고 오른쪽에는 아이맥스 영화관으로 쓰이는 유리 돔이 보인다. 신 개선문 광장에 있는 흰색의 둥근 지붕 건물은 CNIT 건물로 건축가 버나드 제프스와 로버트 카멜롯 등이 전시장 건물로 설계한 것인데, 현재는 힐튼 호텔로 사용되고 있다. 개선문 쪽으로 내려가면 건축가 마이클 허버트와 미셸 프로스가 설계한 금속 표면 느낌의 마나탄 타워가 있다. 이 외에도 라 테팡스의 많은 건물이 저마다 독특한 디자인으로 포장한 채 생생한 건축 박물관 역할을 하고 있다.

　　이들 건물들뿐만 아니라 신 개선문 광장에 있는 커다란 조각
품은 원색의 독특한 모양을 하고 있고 광장 중간에 있는 공원에
서는 라 데팡스의 회사원들이 짬을 내 쉬어 간다. 공원에서 멀리
개선문이 보였다. 신 개선문과 개선문이 직선으로 연결되고 개
선문에서 콩코르드 광장의 오벨리스크가 연결되며 여기서 루
브르 박물관의 유리 피라미드로 이어진다. 신 개선문에서 루
브르 박물관의 유리 피라미드까지 직선으로 연결되는데 그 남다른 의미
에 혀를 내두를 정도이다.

파사주(Passages)는 백화점과 쇼핑센터의 전신으로 간단히 쇼핑 아케이드라고 하면 이해하기 쉬울 것이다. 1820년대에 처음 생겨난 파사주의 전형적인 모습은 햇빛이 잘 들어오는 유리 천장에 대리석 바닥이 있는 상가였다. 파리에 남아 있는 파사주는 지난날의 화려한 영광을 뒤로하고 쓸쓸히 퇴락하고 있으나 주말 오후 한가롭게 파사주를 걸어 보는 것도 그리 나쁘진 않다.

파사주 베르두와 파사주 조프로이는 행정 구역상 9구에 있다. 지하철 8, 9호선이 통과하는 그랜드 보레바르드 역에서 내려, 밀랍 인형 박물관인 그레뱅 박물관 쪽으로 조금만 올라가면 된다. 길가에는 관광버스들이 줄지어 주차되어 있는데 대부분 서양 관광객들로 파사주를 보러 온 것이다. 우리가 보기에 파사주는 유행에 뒤쳐진 퇴락한 쇼핑가에 불과하지만 서양 사람들에게는 옛 향수를 불러일으키는 추억의 장소이다.

파사주 조프로이는 전형적인 19세기풍 아케이드로 인형의 집, 골동품 가게, 기념품 가게, 레스토랑 등이 있다. 조프로이 안에는 오랜 역사를 지닌 초핀 호텔이 아직 영업을 계속하고 있다. 초핀 호텔을 지나면 파사주 베르두와 연결된다.

파사주 조프로이로 나와 길을 건너면 파사주 데 파노라마스가 나온다. 파노라마스에는 골동품, 오래된 우표, 그림 등을 파는 상점들이 있다. 갤러리 비비엔느는 오페라하우스가 근처에 있고 부티크, 보석, 와인 등을 취급하는 고급 상점이 많다. 갤러리 베로 도다는 갤러리 비비엔느 남쪽, 루브르 박물관 근처에 있으며 1823년 부유한 상인이었던 베로와 도다가 건설한 아름다운 파사주로 알려져 있다. 대부분의 파사주는 주일에 문을 닫기 때문에 평일에 가야 한다.

파리의 전통과 예술을 볼 수 있는 산책 코스
개선문에서 노트르담까지

나폴레옹의 개선문

　파리의 전통과 예술을 볼 수 있는 산책 코스는 개선문을 출발해 샹젤리제 거리 → 콩코르드 광장 → 튈르리 공원 → 루브르 박물관 → 퐁네프 다리 → 생트 샤펠과 콩시에르쥬리 → 노트르담 성당까지다. 한 번에 파리의 모든 것을 볼 수 있는 최고의 황금 루트라고 하겠다.

　개선문은 1805년 나폴레옹이 아우스터리츠 전투에서 대승을 거둔 것을 기념하기 위해 이듬해부터 지어지기 시작했다. 아우스터리츠 전투란 나폴레옹이 트라팔가 해전에서 패한 후, 유럽 대륙 정복으로 눈을 돌리자 오스트리아 황제 프란츠 1세가 아우스터리츠에서 러시아 황제 알렉산드르 1세와 동맹을 맺고 나폴레옹 군과 벌인 전투를 말한다. 이 전투에서 나폴레옹은 수적 열세를 극복하고 단 한 번의 돌파로 러시아군을 폴란드로 몰아내고 오스트리아와 휴전을 이끌어 냈다. 이때가 나폴레옹의 전성기라고 할 수 있다. 개선문은 에투알 광장(샤를 드골 광장)의 중앙에 있고 높이가 50m에 달한다. 원형의 좁은 계단을 통해 개선문 위로 오르면 파리 시내가 한눈에 들어온다. 파리는 평지에 세워진 도시라 조금만 높은 곳에 올라가도 시내가 한눈에 보인다.

개선문은 나폴레옹이 건설을 명했으나 그가 죽은 뒤, 무려 15년이 지난 1836년에 완공되었다. 나폴레옹은 1809년 아우스터리츠의 영광이 식기도 전에 조강지처였던 조세핀과 이혼하고, 다음해 오스트리아의 황녀 마리아 루이즈와 결혼한다. 한낱 지중해의 작은 섬 코르시카에서 파리로 올라온 시골뜨기 나폴레옹을 출세시킨 사교계의 요정 조세핀을 버린 저주가 시작된 것일까. 그 뒤로 나폴레옹에게는 불행한 일만 벌어졌고 끝내 세인트 헬레나 섬으로 유배되어 죽고 만다. 나폴레옹이 세인트 헬레나 섬에서 숨을 거둘 무렵에도 개선문은 여전히 '공사 중'이었다. 개선문에는 4개의 멋진 조각 기둥이 있는데 샹젤리제에서 봤을 때 오른쪽이 프랑수아 뤼드의 〈1792년 용병들의 출정〉이라는 작품이다. 일명, 라 마르세이예즈라고 하는데 이는 프랑스 국가를 일컫는 이름이기도 하다.

개선문

나폴레옹 대관식

샹젤리제를 지나 콩코르드 광장까지

길이 2km에 달하는 샹젤리제 거리는 19세기 중반, 귀족들의 화려한 마차가 지나던 곳이다. 부를 과시하기 위한 마차 퍼레이드였다고 할까. 샹젤리제의 울창한 플라타너스를 뒤로하고 걸으면 황금색 오벨리스크가 서 있는 콩코르드 광장에 닿게 된다. 콩코르드 광장의 원래 이름은 이 광장을 조성하도록 명한 '루이 15세 광장'이었다. 이후 프랑스 혁명이 시작되자 '혁명 광장'으로 불리게 되었고 이곳에서 루이 16세와 마리 앙투아네트 등 1,119명이 단두대에 올라 목숨을 잃었다. 프랑스 혁명이 끝나자 '혁명 광장'에서 화합을 뜻하는 콩코르드 광장으로 이름을 바꿨다.

콩코르드 광장의 오벨리스크는 이집트 룩소르에서 온 것으로 이집트 총독이 나폴레옹 실각 후 왕권을 잡은 루이 필리프 왕에게 선물한 것이다. 정작, 1798년에 이집트를 점령한 사람은 나폴레옹이었는데 선물은 그 후임으로 왕이 된 루이 필리프가 받았다. 재주는 곰이 부리고 떡은 주인이 먹는 격이랄까. 오벨리스크의 앞뒤로 있는 두 개의 분수대는 A.J. 가브리엘이 설계한 것이다. 원래 오벨리스크 자리에는 콩코르드 광장을 조성했던 루이 15세 동상이 있었으나 프랑스 혁명을 거치며 사라졌다.

샹젤리제 거리

콩코르드 광장의 오벨리스크

튈르리 공원에서 루브르 박물관까지

　　튈르리 공원은 르노트르의 설계로 16세기에 문을 연 전형적인 프랑스식 정원이다. 28ha(헥타르)의 규모로 25ha의 뤽상부르 공원보다 크다. 원래 공원에는 튈르리 궁전이 있었으나 1871년 파리 코뮌 때 불타 없어지고 공원만 남았다. 콩코르드 광장에서 튈르리 공원으로 입장하면 거대한 야외 조형물을 볼 수 있고 그 뒤로 원형 연못 겸 분수대가 있다. 원형 연못 주위로 땡볕 아래 철제 의자에 앉아 일광욕을 하는 파리 사람들을 볼 수 있다. 튈르리 공원의 끝에는 카루젤의 개선문이 있는데 이 역시 나폴레옹이 1805년 전투에서 승리한 기념으로 1808년 건축된 것이다. 카루젤의 개선문 위에는 4마리의 청동 마상이 끄는 전차상이 있어 베를린의 브란덴부르크 문을 연상케 한다.

　　카루젤의 개선문을 지나면 바로 루브르 박물관이다. 유리 피라미드를 통해 루브르 박물관에 입장하면 〈모나리자〉가 있는 드농관, 앵그르의 〈터키탕〉이 있는 쉴리관, 베르메르의 〈레이스를 짜는 여인〉이 있는 리슐리 외관으로 들어가는 입구가 나온다. 루브르 박물관을 관람하기 전에는 한국어 안내서를 보고 미리 관람 계획을 세우는 것이 좋다. 하나하나 무턱대고 보려면 시간이 많이 소요되고 다리가 무척 아프다. 루브르 박물관에서 가장 인기가 많은 작품은 레오나르도 다빈치의 〈모나리자〉이다. 드농관 2층에 있는 〈모나리자〉는 방탄 유리벽 안에서 알듯 모를 듯 묘한 미소를 짓고 있다. 우연인지 몰라도 〈모나리자〉가 프랑스에 있는 것처럼 레오나르도 다빈치는 조국인 이탈리아에서 숨을 거두지 못하고 파리 인근의 보아주에서 죽음을 맞이했다. 루브르 박물관은 〈모나리자〉나 〈터키탕〉 같은 회화 작품뿐만 아니라 1층의 〈밀로의 비너스〉, 2층의 〈사모트라케의 니케상〉, 시하층의 고대 이집트, 그리스, 페르시아 문명의 유물 등 볼 것이 많다. 루브르 박물관에서 제일 부러운 것은 박물관을 뛰어다니며 구경하는 파리의 유치원 아이들이었다. 다른 나라 사람들은 어렵게 먼 길을 와야 겨우 볼 수 있는 작품을 이곳 아이들은 유치원 야외 수업으로 와서 보고 있으니 말이다.

퐁네프에서 노트르담까지

루브르 박물관에서 나와 세느 강변으로 가면 시테 섬과 연결된 첫 번째 다리가 보이는데 바로 영화 〈퐁네프의 연인들〉을 통해 잘 알려진 퐁네프 다리이다. 어찌 보면 투박하다고 생각될 만큼 튼튼해 보인다. 퐁네프 다리를 건너 시테 섬으로 들어가면 마리 앙투아네트가 프랑스 혁명 당시 연금되었던 콩시에르쥬리와 왕과 왕실 예배를 드리던 생트 샤펠 성당이 있다. 드넓은 베르사유 궁전을 호령하던 마리 앙투아네트는 콩시에르쥬리의 작은 방에서 머물며 재기를 노렸지만 혁명의 물결은 생각보다 거셌고 끝내 앞서 돌아본 콩코르드 광장에서 일생을 마쳐야 했다.

콩시에르쥬리와 생트 샤펠 성당을 나와 꽃 시장을 지나면 최종 목적지인 노트르담 성당이 보인다. 노트르담 성당은 1163년에 교황 알렉산더 3세의 명으로 건설되기 시작해 1345년에 완공되었다. 노트르담 성당은 대표적인 고딕 양식의 성당으로 화려한 장미의 창이 유명하며, 7,800개의 파이프를 가진 파이프 오르간 연주가 잊을 수 없는 추억을 만들어 준다. 노트르담 성당의 정문엔 〈최후의 심판의 문〉에는 예수의 열두 제자와 중앙에 성모 마리아가 조각되어 있다.

개선문에서 노트르담 성당까지의 산책을 나폴레옹 이야기로 시작했으니 나폴레옹 이야기로 끝을 맺는 게 좋을 것 같다. 노트르담 성당은 1804년에 나폴레옹의 대관식이 있었던 역사의 현장이다. 비록 나폴레옹이 세기의 정복자로서 유럽 각국에 악명을 떨쳤으나 프랑스로서는 자랑스러운 영웅이었다. 이런 게 역사의 아이러니가 아닐까. 개선문에서 노트르담 성당까지는 프랑스의 영광을 잘 나타내주는 생생한 역사 교과서 현장이라고 할 수 있다.

퐁네프 다리

콩시에르쥬리

노트르담 성당

II. 파리를 산다, 파리를 먹는다

오 샹젤리제!

루이비통 아르바이트가 뭐길래!

샹젤리제는 개선문에서 콩코르드 광장까지 2km에 달하는 대로를 말한다. 이 길에서는 〈오 샹젤리제〉라는 경쾌한 샹송이 떠오른다. '오 샹젤리제~' 하며 샹젤리제 거리를 걷다 보면 루이비통 본사 앞에 길게 줄을 선 사람들이 보인다. 자세히 보면 대부분 아시아 사람들이다. 루이비통 매장이 문을 열려면 1시간이나 더 남았는데 참 부지런하다. 이른 아침부터 명품 루이비통을 사려고 줄을 서다니 말이다. 이것이 말로만 듣던 루이비통 아르바이트? 파리의 한인 민박집에 묵다 보면 주인장에게 한 번쯤은 듣게 된다는 루이비통 아르바이트이다. 주인장이 적어 준 루이비통 구매 품목을 대신 구매해 준 뒤, 물건 값의 몇 % 또는 일정액의 심부름 값을 받는 방식이었다. 사실 루이비통 구매 대행은 큰 사업이다. 파리에서 택스 프리로 17%의 세금을 돌려받고 한국에 들여갈 때는 개인 수하물로 수입 관세를 물지 않으니 이중 할인된 가격으로 물건을 살 수 있다. 아르바이트를 구해 루이비통을 구매한 뒤 되팔아도 이익이 남는다는 얘기다. 물론 한국 입국 시 세관 검사에서 포장을 뜯지 않은 물건이 걸리면 물건 값에 상응하는 세금을 내야 한다. 이런 이유로 파리에서 오는 직항 편은 세관에서 눈여겨보는 요주의 노선이다. 세관에 걸리든 걸리지 않든 복불복!

루이비통은 한국보다 일본으로 넘어가는 물건이 더 많고 이익이 더 크다는 얘기가 있다. 일본 사람도 한국 사람만큼 루이비통 마니아가 많아서란다. 루이비통 본사 앞에서 2~3시간 줄을 서 매장에 들어가도 맘껏 물건을 살 수 있는 것은 아니다. 개인당 1개만 살 수 있고, 한 번 구매하면 6개월 후에야 다시 구매할 수 있다. 웃기는 일이지만 물건을 살 때 여권을 제시해야 하고 구매 사항이 등록된다. 루이비통 매장 안에서는 원하는 물건을 이것저것 꺼내볼 수도 없다. 원하는 물건은 미리 모델명을 적어와 종업원에게 꺼내 달라고 해야 한다. 손님 맘대로 꺼내 보고 만져 보고 할 수 없는 게 명품 쇼핑이다. 더구나 루이비통 측에서 구매 대행 아르바이트에 대해 잘 알기 때문에 매장에 아시아 사람, 특히 한국이나 중국 사람이 들어오면 빨리 적어 온 물건을 사서 나가길 바란다. 손님을 손님답게 대우하지 않는 것이다. 하지만 일본 사람들에게는 대우가 남다르다. 루이비통과 일본은 특별한 인연이 있고 일본 손님들은 명품을 아는 사람들로 대우받는다.

샹젤리제에서 개선문 방향

루이비통은 오타쿠의 산물!

1854년에 창업한 루이비통은 기존 반원형의 트렁크를 평평한 모양의 트렁크로 개선해 큰 인기를 끌었다. 평평한 트렁크의 개발로 귀부인들은 구김 없이 드레스를 넣어 마차에 싣고 다닐 수 있게 되었다. 짝퉁 루이비통은 당시부터 나돌기 시작했다고 한다. 이 때문에 그의 아들인 주르주 비통이 1896년에 아버지 이름의 이니셜인 VL과 당시 유행하던 아르누보, 일본 문화의 영향을 받은 벚꽃, 별을 변형 반복한 아르데코풍의 모노그램을 만들었다. 현재 흔히 볼 수 있는 친근한 루이비통의 디자인이 바로 모노그램 캔버스이다. 파리의 지하철 입구가 기마르의 아르누보 스타일이고, 인상파의 그림이 일본 판화인 우키요에의 영향을 받았다는 것은 익히 알려진 사실이다. 이렇듯 루이비통의 모노그램에도 일본 문화의 영향이 서려 있다.

루이비통이 자신만의 독특한 디자인과 품격을 유지하며 지금까지 명품의 자리를 유지하고 있는 것에는 그만한 이유가 있을 것이다. 개인적 생각이지만 루이비통은 일본의 오타쿠 기질이 있는 것 같다. 오타쿠는 어떤 것의 마니아를 넘어 집착하는 상태 또는 사람을 말한다. 루이비통은 가방을 만들 때 최고급 가죽만을 이용해 거의 전 제조 과정을 수공으로 만든다고 한다. 명품이라는 이름을 얻은 후에도 기계로 '착, 착' 찍어내지 않는다는 것이다. 가방 하나하나 장인의 힘을 기울여 만드니 가방의 오타쿠가 아닐 수 없다. 이제는 루이비통 하면 가방뿐만 아니라 패션의 오타쿠로 알려져 있다. 루이비통 디자인 작업에 일본 디자이너 다카시 무라카미가 참여해 흰 바탕에 색색의 루이비통 로고가 들어

PRINTEMPS
파리 프랭땅 백화점

독창적인 쇼핑을 체험하세요
VIVEZ UNE EXPÉRIENCE SHOPPING UNIQUE

파리지엔
의상의
첨단 유행의 현주소
L'ADRESSE DE MODE PARISIENNE, CHIC ET TENDANCE

PRINTEMPS DU LUXE
프랭땅 명품관

LE PLUS GRAND ESPACE BEAUTE DU MONDE
세계 최대의
화장품 코너

L'ART DE VIVRE À LA FRANÇAISE
프랑스 스타일의
예술적인 삶

Personal Shopper Service

외국 손님을 위한 특혜
AVANTAGE RÉSERVÉ À LA CLIENTÈLE INTERNATIONALE

-12%
유럽 공동체 지역외 거주하시는
외국인 손님에게 당일 175€
이상 구매시 12% 면세

DE DÉTAXE

간 모노그램 멀티컬러와 벚꽃 문양, 마스코트가 들어간 패치
워크 라인을 크게 유행시키기도 했다.

루이비통 같은 명품이 아니더라도 파리 뒷골목의 개인
부티크에는 뛰어난 솜씨를 가진 장인들의 작품이 많다. 누가
알아주지 않더라도 우직하게 자신들의 일을 계속하는 것을 보면 명품이 나오
지 않을 수 없는 환경이다. 이런 게 진정한 오타쿠 기질이 아닐까. 오타구인 루
이비통은 자신이 먼저 자신의 가방에 만족한 다음에 손님들에게 선을 보인다.
세세한 모서리의 징이나 지퍼에 달린 열쇠 구멍 같은 것은 실제 내가 사용하면
어떤 게 편하고 불편한까를 생각하고 만든 느낌이 들게 한다. 우리도 동대문 시
장이나 이태원에서 진짜와 구별 안 되는 특A급 루이비통 짝퉁을 만든 것만 자
랑할 게 아니라, 루이비통의 장점을 배워 우리 것으로 만들어 내려는 노력이 필
요하다.

샹젤리제에는 루이비통 본사 외에 카르티에, 명품 구두의 발리, 만년필의
몽블랑, 핸드백의 란셀, 멀티 패션숍인 보스, 스와치, 라코스테, 오메가 등의 많
은 명품 숍이 즐비하다. 누구라도 샹젤리제 거리에서 '오~ 샹젤리제'를 흥얼거
리다 보면 조금은 파리 사람이 된 느낌이 들 것이다.

한국의 지휘자 정명훈이 음악 감독으로 있었던 바스티유 오페라에 갔다. 바스티유 감옥 터에 지어진 바스티유 오페라는 최신 시설을 자랑한다. 반듯한 외관은 그리 화려하지 않으나 편안한 좌석, 맑은 음향, 다채로운 조명까지 오페라를 감상하는 데 최적의 장소를 제공한다. 바스티유 오페라의 박스오피스를 찾아간 날에는 여행 일정과 맞는 공연이 프랑스 오페라 〈루이제(Louise)〉밖에 없었다.

"프랑스 오페라는 어떤 모습일까?"

표를 살까 말까 망설이는데 매표소 직원이 볼 만하다고 권한다. 〈루이제〉는 구스타프 샤르팡티에의 작품이다. 재미있는 것은 팸플릿에 주연인 루이제 역의 소이레 이소코스키보다 지휘를 맡은 패트릭 다빈의 이름이 더 크게 적혀 있다는 점이다. 보통 주인공의 이름이 더 크게 홍보되기 마련인데 말이다. 〈루이제〉는 근대 파리를 배경으로 두 연인의 사랑을 보여 준다. 봉제 공장에 다니

는 루이제가 가족의 반대를 무릅쓰고 연인인 줄리앙과 가출을 해 몽마르트르 언덕의 옥탑방에 가정을 꾸민다. 그녀의 아버지는 병을 핑계로 루이제를 불러 들이지만 그녀의 사랑이 진심인 것을 알고 돌아가라고 하며 '아~ 파리 녀석들' 이라고 소리친다.

오페라 중간의 휴식 시간에는 관객들이 로비에 나와 샴페인이나 와인을 마신다. 프랑스나 영국 등에서는 일반적으로 볼 수 있는 풍경이지만 한국의 오페라 극장에서는 맥주 한 잔 맛보기 힘들다. 이런 게 예술을 즐기는 방식의 차이가 아닐까. 우리는 예술을 비싸고 접근하기 어려운 높은 곳에 올려 놓았다는 느낌이 든다. 예술은 즐겨야 하는 것인데. 하긴 야구장에서 맥주 맛을 본 것이 불과 몇 년 되지 않았으니 오페라 극장에서 와인을 맛보려면 수십 년은 더 걸릴지 모른다. 파리에 왔을 때나 오페라 극장 로비에서 샴페인을 즐겨야지, 뭐!

거위는
괴로워!

간덩이가 부은 거위

겁 없이 들이대는 사람을 보고 흔히 "너 간덩이가 부었구나!"라고 말한다. 사람은 간덩이가 부으면 안 되지만 거위나 오리는 간덩이가 부을수록 좋다. 세계 3대 진미 중의 하나이자 대표적인 프랑스 요리인 푸아그라가 바로 거위나 오리의 부은 간덩이로 만든 요리이다. 푸아그라라는 말 자체가 '살찐 간'이라는 뜻이다. 거위나 오리는 프랑스, 중국, 터키 등 세계 3대 요리국가 중에서도 프랑스와 중국에서 애용하는 재료이다. 다만 중국에서는 '북경오리구이(베이징 카오야)'라고 하여 오리를 통으로 구워 먹는데 비해, 프랑스에서는 부은 간덩이를 주로 먹는 게 다르다.

한국에서는 빈혈에 특효라 하여 소간을 먹는 사람들이 있고 시장에서 파는 순대에는 돼지간이 필수 과목처럼 따라온다. 간혹 순대파에게 외면을 당해 "간 빼고요."라는 수모를 듣긴 하지만 텁텁한 돼지간은 순대의 느끼한 맛을 없애 준다. 거위나 오리의 간인 푸아그라에는 단백질, 지질, 비타민A·E, 철, 구리, 코발트, 망간, 인, 칼슘 등이 많아 빈혈, 스태미나 보강에 좋다. 소간이나 거위 또는 오리간의 효능은 거의 비슷한 듯하다.

푸아그라용 거위나 오리를 기르는 방법은 다소 엽기적이다. 기원전 3000년 전부터 고대 이집트, 그리스, 로마를 거쳐 내려왔다는데 간단히 말하면 '폭식 거위'를 만드는 것이다. 처음 몇 개월간은 하루에 한 번 폭식을 시키고 나중에는 꼼짝 못하게 한 뒤 식도까지 사료를 강제로 넣는 폭+폭식을 시키면 간덩이가 붓는다고 한다. 일부 사람들 중에서는 이런 푸아그라식 사육법이 잔인하다고 말하기도 한다. 하지만 돼지의 삼겹살이나 소의 살과 지방이 적절히 섞인 마블링을 얻기 위해서 돼지와 소를 꼼짝 못하게 하여 기르고 있는 것을 알면 어느 것이나 오십보 백보라는 생각이 든다.

흔히 프랑스 레스토랑에서 맛보게 되는 것은 푸아그라에 기타 재료를 섞은 푸아그라 크림이고, 캔이나 유리병에 담긴 것이 푸아그라 블록, 푸아그라를 그대로 요리한 것이 푸아그라 홀이라고 한다. 라탱의 프랑스 레스토랑에서 먹어 본 푸아그라의 맛은 떨떠름했다. '맵고 짜고'로 요약되는 한국의 양념과는 확연히 다른 포도주와 기타 양념에 잰 푸아그라는 한 번에 '맛있다'라고 할 만한 것은 아니었다. 진짜 고기 맛이 아니고 삶은 간을 갈아 놓은 듯한 맛이랄까. 푸아그라는 메인 요리 앞에 나오는 전채 요리여서 한 접시를 양껏 먹지는 못한다. 메인 요리에 앞서 입맛을 돋우는 역할을 하는 것이 푸아그라 요리이다.

달팽이 요리, 에스카르고

보통 전채 요리는 한 가지만 선택하는 것이 상식이나 대표적인 프랑스 요리로 꼽히는 에스카르고를 빼놓을 수 없다. 에스카르고는 푸아그라보다는 죄의식 없이 먹을 수 있는 달팽이 요리다. 웨이터를 불러 원래 12개의 달팽이가 나오는 전채 요리를 6개로 줄여 푸아그라와 함께 내오도록 타협을 했다. 웨이터는 나의 이런 요구를 의아하게 생각했으나 나날이 그리스, 터키 레스토랑으로 손님을 뺏기는 현실에서 손님의 요구를 외면할 수 없었다. 라탱의 레스토랑 거리에서도 맛의 전쟁이 펼쳐지고 있으니 말이다. 파리라고 해서 프랑스 요리만 잘되는 것은 아니다. 오히려 그리스나 터키, 중국 요리가 프랑스 요리를 위협하고 있는 형편이다.

에스카르고는 일단 달팽이를 잘 씻어 소금 넣은 식초에 몇 시간 담근 후 끓는 물에 데치고 껍데기에서 살을 빼 손질한다. 그런 후 다시 껍데기에 살을 넣고 버터에 레몬즙, 다진 파슬리로 입구를 메운 뒤 오븐에 구워 내는 요리이다.

"아하~, 달팽이 껍데기 입구의 녹색 양념이 다진 파슬리였구나."

에스카르고의 역사 또한 푸아그라 못지않아 BC 50년까지 올라간다. 당시 이미 달팽이를 양식한 기록이 있고 고대 로마에서 즐겨 먹은 미식이었다고 한다. 달팽이도 좋은 포도주가 나는 프랑스 남부나 알사스 지역의 것을 최고로 친다. 이는 달팽이가 포도 나뭇잎을 좋아하기 때문에 유명 포도주 산지의 달팽이를 알아준다고 한다. 계절별로는 동면 직전의 가을 달팽이가 가장 영양이 높다.

NOTRE DAME
CUISINE
FRANCAISE
Notre Dame
DEISS
ALSACE 2006
13.95
ROBIN
PETIT CHABLIS
2006
BOURGOGNE 2006

에스카르고는 삶은 고둥 맛과 비슷하다. 달팽이나 고둥은 사촌쯤 되는 연체 동물인데, 특유의 비린 냄새는 조리 과정에서 포도주 같은 것을 이용해 제거한다. 달팽이 입구의 다진 파슬리도 그런 역할을 하는 듯하다. 에스카르고는 뜨거울 때 먹어야 좋은데 달팽이 집게로 달팽이를 집고 작은 포크로 살을 집어 먹는다. 확실히 뜨거울 때 먹어야 달팽이의 살이 연하고 맛있다. 아마 에스카르고가 식으면 달팽이 살도 굳을 것 같다. 에스카르고의 진정한 맛을 느끼기에 6개의 달팽이로는 조금 부족하다.

요리 천국, 프랑스

메인 요리는 스테이크이다. 큼직한 스테이크 주위로 감자튀김을 둘렀는데 아마 밥 대신인가 보다. 미안하지만 스테이크는 별맛이 없었다. 너무 아웃백 스테이크에 길이 들어서일까. 질긴 프랑스 쇠고기는 우리 입맛에 잘 맞지 않을 수도 있다. 한국이나 일본 사람들이 적당히 지방이 있는 소고기를 좋아하는 것에 비해 프랑스나 서양 사람들은 순살 소고기를 더 좋아한다. 지금 눈 앞에 있는 소고기는 들판을 너무 많이 뛰어다닌 것 같다.

참고로 프랑스 요리에 와인이 반주로 빠지면 섭섭한데 한 병 시키기가 부담스러우면 과감히 하우스 와인 반 병을 주문한다. 단, 와인을 주문하기 전에 가격을 꼭 물어봐야 한다. 웨이터가 당신의 차림새를 오해해서 고급 와인을 내오면 요리 가격보다 몇 배 더 돈을 지불하는 수가 있기 때문이다. 2명이 갔다면

반 병, 3~4명이 갔다면 한 병을 주문하면 기분 좋게 마시며 식사를 할 수 있다. 보통 프랑스 레스토랑에서는 와인 같은 드링크를 따로 팔고 있어 우리처럼 시원한 물을 공짜로 주는 경우는 거의 없다. 당연히 물도 주문해야 하므로 이왕이면 돈을 더 내고 와인을 마시는 게 낫다.

요리 천국인 프랑스는 중국이나 터키와 같이 바다와 땅에서 나는 요리 재료가 많다. 요리 재료뿐만 아니라 프랑스 요리의 조리에 쓰이고 요리와 함께 마시기도 하는 와인은 종주국이나 다름없어 와인이 지천이다. 종류에 따라 다르긴 하지만 대개 와인의 가격은 한국의 절반 이하에 불과하다. 게다가 프랑스인들은 섬세한 미각과 치밀한 손재주로 여러 요리 재료를 삶고, 볶고, 굽고, 튀긴다. 이런 점은 요리 천국 중국과 비슷하다.

또한 섬세한 미각은 레스토랑의 맛을 평가한 미슐랭 가이드에서도 알 수 있는데 손님을 가장한 테스트 요원이 프랑스 전역의 레스토랑을 돌아다닌다. 미슐랭이라는 회사는 요리와는 관련이 없는 타이어 회사다. 따라서 누가 하라고 해서가 아니라 스스로 맛에 관심을 두고 레스토랑을 평가해 결과를 공개하고 있다. 미슐랭 가이드의 평가는 대단히 공정한 것으로 알려져 있다. 꼭 미슐랭 가이드의 맛집이 아니더라도 파리에서 프랑스 요리를 맛보는 것은 즐거운 파리 여행의 한 페이지가 될 것이다.

요리 천국 프랑스는 조리 기구도 다양하다. 지하철 1호선 리볼리 루브르 역에서 내려 리볼리 거리를 따라 올라가면 조리 기구 전문점인 으 데이랑(E. Dehillerin)가 있다. 으 데이랑에는 주로 쇠로 만든 칼, 가위, 솥 같은 조리 기구가 많다. 칼의 종류는 빵에 잼을 바르는 것부터 스테이크용, 과일 깎기용, 부엌칼, 정육점에서 쓰는 도끼 같은 칼, 용도를 알 수 없는 장검까지 다양하다.

장검은 어느 조리에 쓰는 것인지. 예전에 일본의 수산 시장에서 커다란 참치를 장검으로 자르는 것을 본 적이 있다. 프랑스에서는 참치 같은 날 생선을 그리 좋아하지 않으니 통돼지 바비큐를 할 때 쓰나? 포크의 종류 역시 다양해서 크고 작은 포크, 집게 살이 3개인 포크, 2개인 포크 등이 있다. 붉은 황금색의

황동 조리 기구들은 레스토랑에서 볼 수 있는 것이다. 황동으로 만든 프라이팬, 솥, 접시, 그릇 등은 프랑스 요리와 잘 어울리는 풍경을 만들어 낸다. 황동 솥에 끓이는 스튜는 침이 절로 꿀꺽 넘어가게 한다. 저런 황동 솥으로는 닭볶음탕을 조리해도 맛이 있을 듯하다.

마늘을 빻거나 레몬 즙을 내는 기구들은 스프링을 이용해 반자동으로 만들어져 있었다. 그리고 보니 모터를 이용해 윙~ 하고 마늘을 갈거나 레몬즙을 내는 조리 기구가 없다. 철저히 인력과 스프링을 이용한 조리 기구들뿐이었다. "아하, 조리 기구에 휴머니즘을 구현한 것인가."

오트쿠튀르에서
빈티지까지

동네 의상실과 양복점에 대한 추억

예전에는 동네마다 의상실과 양복점이 한두 곳씩은 꼭 있었다. 동네 의상실에서는 여학생들이 학교를 졸업하고 회사에 취직했을 때 처음 입을 정장을 맞추곤 했다. 동네 아주머니들은 맞춤옷 계를 부어 순번대로 의상실 옷을 입기도 했다. 동네 양복점에서는 잘 사는 집의 아이들이 교복을 맞추거나 청년들이 결혼을 앞두고 결혼 예복을 주문했었다. 요즘은 결혼한다고 예복을 맞추는 경우가 거의 없다. 제비꼬리가 달린 턱시도라면 빌려 입는 것이 이해가 되지만 양복이라면 맞춤이 더 자신의 몸에 잘 맞게 입을 수 있는데 말이다.

그때의 의상실이나 양복점에서는 외국의 패션 잡지를 꺼내 놓고 옷의 스타일을 정하는 경우가 많았다. 의상실이나 양복점 사장들은 "이게 최신 빠리 스타일이거든요.", "이태리 원단인 거 알죠." 같은 말로 너스레를 떨기도 했다. 그때나 지금이나 패션의 중심은 여전히 파리인 듯하다.

어느 순간부터 동네 의상실이나 양복점이 사라지기 시작했다. 사람들은 동네에서 옷을 맞추지 않고 백화점에서 브랜드 옷을 산다. 백화점의 브랜드 옷이 동네 의상실이나 양복점에서 맞추는 것보다 스타일이나 품질이 낫다고 생각하는 사람들이 늘어갔다. 한때 우리에게 친근했던 동네 의상실과 양복점은 없어졌고 어느새 유명 디자이너의 의상실이나 양복점 같은 고급 맞춤점만 남게 되었다.

오트쿠튀르 vs 프레타포르테

파리에는 아직 동네마다 의상실이 남아 있다. 고상하게 말하면 부티크가 바로 의상실이다. 예전에 부티크 하면 직접 옷을 만들고 판매하는 곳을 말했는데 요즘은 직접 만들진 않아도 부티크의 개성에 맞는 옷을 모아 판매하는 곳까지 부티크라고 하고 있다. 이런 부티크에서 만드는 고급 맞춤옷을 '오트쿠튀르'라고 하고 새로운 맞춤옷 발표회를 말하기도 한다. 그 기원은 1868년 나폴레옹 3세의 부인 옷을 만들던 위르트가 계절에 앞서 새로운 의상을 고객들에게 발표하며 시작되었다. 이는 곧 전 세계로 퍼져 패션에 큰 영향을 주었고 그 후 일 년에 두 번씩 파리 컬렉션이라는 이름으로 개최되기에 이르렀다. 오트쿠튀르에 참가하는 디자이너들은 샤넬, 엠마누엘 웅가로, 크리스찬 디올, 발맹, 니나 리치, 지방시 등으로 이들의 의상은 최고의 명품으로 인정받고 있다. 이들 명품 의상실은 주로 콩코르드 광장과 마들렌 사원 인근에 몰려 있다. 티에리 뮈글러와 샤넬, 크리스찬 디올은 콩코르드 광장의 몬테뉴 거리에 있고 콤 데 가르송과 에르메스, 이브 생 로랑은 마들렌 사원 인근에 있다.

백화점에서 파는 고급 의상은 여러 치수가 있는 고급 기성품이다. 이런 고급 기성품을 '프레타포르테'라고 하고 고급 기성품 발표회를 말하기도 한다. 프레타포르테는 오트쿠튀르처럼 일 년에 두 번씩 신상 발표회가 개최되고 오트쿠튀르 못지않게 세계 패션에 큰 영향을 끼치고 있다. 우리가 동네 의상실이나 양복점에서 옷을 맞추지 않고 백화점에서 사기 시작한 옷이 프레타포르테였다고 할 수 있다. 프레타포르테에 참가하는 디자이너들은 캘빈 클라인, 질 샌더,

l été vit plus fort
ACE MODE DE
HAUSS
MONT
EPINE
PRINTEMPS
파리
지도
파리의
새로운
감각으로
나만의
변신술
Summer Time
Soldes
-30%
-50%
Olg
BRAD
-50% -6
GALERIES
LAFAYETTE
l été vit plus fort
GALERIES LAFAYETTE

조르조 아르마니, 안나 수이, 톰 포드, 미우치아 프라다 등으로 이들의 의상 역시 명품이라 부르기에 부족함이 없다.

프라다나 아르마니 같은 곳에서는 이들의 명품 이미지를 이용해 의상뿐만 아니라 이제는 핸드폰 디자인에까지 그 영역을 넓혔다. 프레타포르테의 명성을 의상과는 다른 분야인 핸드폰이라는 통신 제품까지 확대, 재생산한 것이다. 그 때문인지 프라다 폰이라는 이름으로 출시된 제품은 빅히트를 기록했다. 반대로 바바리코트로 유명한 바바리는 무분별한 명품 이미지 확산 정책으로 오히려 그 명성이 떨어진 대표적인 사례이다. 명품이라도 이미지 관리를 잘하지 못하면 비명품으로 떨어질 수 있는 것이다.

프레타포르테 의상은 갤러리 라파예즈나 프랭탕 백화점에 가면 한자리에서 찾아볼 수 있다. 더구나 여름과 크리스마스 시즌에는 최고 50%까지 세일을 하는 곳이 있어 이들 명품을 구입할 절호의 찬스가 된다. 파리로 오기 전에 지인들의 주문을 받아 명품을 챙겨 가면 비행기 티켓 값을 남길 수도 있다. 단, 욕심을 부려 과도하게 비싼 것만 가져갔다가는 세관에 걸려 곤욕을 치르는 수가 있으니 주의해야 한다. 크게 무리가 되지 않는 가격대의 명품을 할인 가격에 살 수 있다면 친구 것까지 챙기는 것도 그리 나쁘진 않겠다.

프레타포르테보다 더 저렴하고 캐주얼하게 입을 수 있는 것이 명품 디자이너의 세컨드 라인이다. 흔히 거리에서 이들 브랜드를 볼 수 있는데 DKNY, D&G, 샤넬 스포츠, 폴로, 엠포리오 아르마니, 베르수스 등이다. 이들 브랜드들은 파리뿐만 아니라 한국에도 분점이 있어 손쉽게 구입할 수 있다. 대개 세컨드 라인부터 시작해 프레타포르테, 오트쿠튀르 순으로 관심을 넓혀 가는 것이 일반적이다. 그러나 세컨드 라인이나 프레타포르테면 몰라도 패션의 최정점에 있는 오트쿠튀르는 보통 사람에게는 좀 버겁다. 오트쿠튀르 한 벌의 값은 보통 3만 5천 달러 정도로 웬만한 사람의 1년 연봉과 맞먹는다.

마레 지구의 부티크 거리

명품과 달리 마레 지구의 부티크에서는 좀 더 편하게 파리의 패션을 둘러
볼 수 있다. 마레 지구의 비에유 두 탕플 거리와 데 프랑 부르주아 거리에 개성
있는 부티크들이 많이 있다. 먼저 비에유 두 탕플 거리는 파리 시청 인근 호텔
카론 데 보마르셰에서 북쪽으로 난 길이다. 그냥 템플 거리에는 액세서리와 모
자, 잡화 상점이 많은데 주인들이 대부분 중국 사람이다. 이들은 소매와 도매
를 겸하고 공장까지 운영하고 있어 이들에게서 싸게 패션 소품을 살 수 있다.
비에유 두 템플 거리에는 독특한 부티크와 갤러리, 레스토랑 등이 있다. 항상
사람들로 북적이는 백화점보다 한적한 비에유 두 탕플 거리의 부티크에서 디
자이너와 패션에 대해 얘기를 나눠 봐도 좋을 것이다. 디자이너들 중에는 아시
아에 대한 관심이 많아 자신들의 의상에 아시아의 느낌을 적용하려는 사람들
도 많다.

비에유 두 탕플 거리에서 올라가다가 오른쪽으로 꺾어지는 길이 데 프랑 부르주아 거리다. 데 프랑 부르주아 거리에도 여러 부티크가 있는데 이들 중에는 빈티지나 히피 스타일의 옷을 파는 곳도 있다. 빈티지 패션은 낡거나 구겨져 친근한 느낌을 주는 의상이다. 명품 하면 빈티지와는 달리 낡거나 구겨진다는 것은 생각할 수도 없고 언제나 새것이고 칼같이 다림질된 이미지가 떠오른다. 정말 신상이란 말이 어울리는 것이 명품일 것이다. 빈티지는 신상이 아닌 구제라는 말이 적절하다. 요즘에나 구제를 빈티지라고 하지, 예전에는 구제가 보세로 불리며 멋을 아는 사람만 찾아 입었다.

파리에서 명품과 빈티지 의상을 두루 돌아보니, 오트쿠튀르나 포르타포르테 옷이 자신을 가리는 의상이라면 빈티지나 히피 옷은 자신을 드러내는 의상인 듯하다. 명품이라는 화려함 속에 자신을 숨기기보다는 빈티지라는 헐렁함 사이로 자신을 당당히 드러낼 수 있는 자신감을 가져 보자.

　　파리 사람들은 런던 사람들처럼 홍차를 자주 마시지는 않는다. 파리 사람에게는 카페에서 마시는 카페(에스프레소)가 있다. 그럼에도 홍차는 홍차 나름의 매력이 있는 차이다. 홍차는 생우유를 넣어 마시거나 작은 레몬 조각을 띄워 마신다. 홍차는 녹차를 발효시킨 것이다. 재미있는 것은 우리는 홍차(紅茶)를 붉은 차의 빛깔 때문에 홍차라고 하는데 서양 사람들은 홍차를 검다는 표현을 써서 블랙티라고 부른다. 분명 홍차의 색은 붉은데 왜 검다고 하는 걸까. 옛날 중국에서 유럽으로 우롱차를 수출했는데 우롱차가 유럽에 도착했을 무렵에는 완전 발효된 홍차가 되어 있었다. 우롱차는 반 발효된 녹차인데, 중국 사람들은 우롱차보다 홍차가 더 진하다는 표현으로 검다고 했고, 이것이 블랙티라는 이름이 되었다고 한다. 유럽 사람들의 입맛에는 반 발효된 우롱차보다 완전 발효된 홍차가 더 잘 맞는다고 한다. 영국에서는 홍차를 '잉글리시 티'라고 부르기도 한다.

　　원래 홍차는 중국에서만 재배되었으나 영국인 식물학자 로버트 포춘이 인도

북부의 다르질링에서 홍차 재배에 성공했다. 이어 스리랑카에서 홍차 재배를 시작하면서 스리랑카산 홍차를 '실론티'라고 불렀다. 그래서 오늘날에 홍차 하면 다르질링(다즐링)이나 실론티를 떠올리게 된다. 우리에게 익숙한 홍차는 약간 쓴맛이 있는 실론티이다. 영국에서 많이 마시는 '잉글리시 블랙퍼스트'는 인도와 스리랑카산을 혼합한 것으로 생우유와 함께 마신다. 그 외 홍차에 과일이나 식물 향을 혼합한 블랜드 홍차도 많다.

파리의 홍차 전문점에 가 보면 홍차를 담은 캔이나 찻주전자, 찻잔 등 디자인이 다양하고 예쁜 것이 많다. 홍차는 포장 제품도 있고, 개별적으로 원하는 품종을 원하는 양만큼 살 수도 있다. 조리 기가 전문점인 으 데이랑 인근에 포럼 데 알과 생외스타슈 성당이 있어 함께 돌아보면 좋다. 포럼 데 알 주위로 여러 레스토랑과 카페가 있어 요리를 맛보며 그곳만의 접시나 칼, 포크 등을 살펴보는 것도 재미있다.

파리의
와이너리를 찾아서

파리에 포도밭이 있을까?

서울의 잠실은 예전에 녹색의 뽕밭이 많았는데 지금은 고층 아파트가 즐비한 곳으로 변했다. '잠실(蠶室)'이란 지명이 '누에고치를 기르는 방'이라는 뜻이다. 잠실을 보면 뽕밭이 푸른 바다로 변했다는 상전벽해(桑田碧海)가 아니라 뽕밭이 회색 아파트로 변한다는 상전그아(桑田 Gray-Apartment)로 바꿔야 할 것 같다. 프랑스 하면 와인이 먼저 떠오르는데 파리에 포도밭이 딸린 포도주 양조장인 와이너리가 있을까? 예전에 파리에도 와이너리가 많았던 것은 아닐까. 지금 잠실에 뽕밭이 없듯이 파리에서 와이너리가 사라졌는지도 모른다.

몽마르트르 언덕에 파리의 마지막 와이너리가 있다고 해서 찾아가 보았다. 지하철 12호선을 타고 아베스 역에 내려 몽마르트르 언덕으로 걸음을 옮겼다. 얼마를 걸었을까. 시끌벅적한 소리가 들리고 광장을 가득 메운 관광객들과 거리의 화가들이 보였다. 몽마르트르 언덕의 테르트르 광장이다. 광장 주위의 카페에는 늘 광장의 떠들썩한 풍경을 즐기려는 사람들로 가득하다. 그들 중에는 얼음을 채운 버킷에 와인 병을 담가 놓고 와인을 마시는 사람들도 있다. '한국에서 와인은 치즈 안주와 함께 먹는다.'는 속설이 있는데, 이곳에서는 와인에 치즈 안주를 먹는 사람은 볼 수 없었다. 와인만 마시거나 식사와 함께 반주로 와인을 마실 뿐이다. 이무려면 어떠랴. 몽마르트르 언덕에서는 좋은 사람들과 와인을 마시는 것으로 충분하다.

포도밭은 몽마르트르 언덕의 북쪽에 있다. 사크레쾨르 성당을 지나 북쪽으로 내려갔다. 에릭 사티의 집과 몽마르트르에서 가장 오래된 집을 지나 데스 소레 거리에 이르니 작은 밭(?)이 보였다.

"설마, 저게 포도밭은 아니겠지!"

밭을 지나 내려가니 몽마르트르의 공동묘지와 주택가가 나왔다. 더 이상 내려가 봐야 별 게 없을 것 같아 다시 동네 사람에게 물어봤다.

"몽마르트르의 와이너리는 어디 있어요?"

"저 위, 카페 옆에 있잖아요."

아까 지나온 카페 옆에 있는 밭이 바로 포도밭이었다. 흔히 사진에서 볼 수 있는 키 큰 포도나무가 줄지어 서 있는 넓은 와이너리를 상상하고 간다면 실망하는 것은 당연지사다. 발길을 돌려 지나왔던 밭으로 갔다. 밭을 자세히 보니 작은 연립주택 한 동이 서 있을 만한 크기에 포도나무가 심겨 있었다. 포도나무는 생각보다 작았다. 겨우 허리 정도의 높이나 될까. 영화나 사진을 보면 사람 어깨 높이까지 포도나무를 키우는 곳이 대부분이고, 그런 포도밭에서는 사람

들이 포도나무 사이의 고랑을 돌아다니며 잘 익은 포도를 따던데. 이곳 몽마르트르의 포도밭은 높이가 낮아 허리를 굽혀야 겨우 포도를 수확할 수 있을 듯했다. 포도는 아직 영글지 않은 때여서인지 녹색의 풀밭으로 보일 뿐이다. 지금은 포도밭인지 고추밭인지 구분이 안 되어도 가을이 오면 붉게 혹은 푸르게 포도가 자랄 것이다. 그것으로 와인을 만든다고 하는데 파리에서 단 하나뿐인 귀한 와인이 되는 셈이다. 마침 포도밭에는 잡초를 뽑던 사람이 일을 다 마쳤는지, 포도밭을 둘러싸고 있는 철망을 잠그고 주택가 골목 사이로 사라졌다. 포도밭을 관리하는 사람이 있는 것으로 보아 근처 건물 지하 어딘가에 와이너리가 있을 법한데 아쉽게도 더는 찾아볼 수 없었다.

와인에도 빈티지?

패션에서 빈티지(Vintage)는 낡아 색이 바래거나 구멍이 난 옷 또는 그런 중고 옷을 입고 다니는 것을 말한다. 빈티지의 원래 뜻은 와인과 관계된 '수확기의 포도'나 '포도주의 숙성'을 의미한다. 실제로는 와인 병의 라벨에 적힌 생산 연도, 생산 회사, 포도 품종, 품질 등의 사항을 빈티지라고 한다. 와인에서 빈티지는 와인의 품질 명세서와 같은 것이라 할까. 하지만 보통 사람은 포도 품종까지 살펴가며 와인을 마시기는 어렵다. 와인은 되도록 오랫동안 묵은 것이 좋다는 생각에 오래된 와인이나 잘 알려진 와인 회사(와이너리)의 와인을 마시는 경우가 대부분이다. 이런 원초적인 방법이 가장 실수가 적은 방법이긴 하다. 와

인에 대해 공부한 사람이라면 생산 연도, 와인 회사, 빈티지 차트를 따져 와인을 마실 수도 있을 것이다. 빈티지 차트란 와인 전문가가 생산 연도, 지역, 포도 작황, 와인 품질 등을 나타낸 것으로 포도 작황이나 와인 품질은 점수나 기호로 표시된다. 이렇듯 제대로 와인을 마시려면 알아야 할 것이 많아 조금 복잡하다.

　과연 와인의 본고장인 파리에서는 와인에 대해 잘 알고 와인을 마실까? 파리 사람들이 레스토랑에서 와인 주문하는 것을 보니 첫째, 웨이터가 추천하는 하우스 와인을 마시거나, 둘째, 와인 메뉴에 있는 여러 와인 중에서 생산지, 생산회사, 가격을 보고 골라 마셨다. 불어를 모르는 외국인이 와인을 주문하는 것을 보면, 첫째, 웨이터가 권하는 하우스 와인의 이름은 들어도 모르니 주는 대로 마시거나, 둘째, 프랑스어로 적힌 와인 메뉴를 보아도 읽을 수 없으니 중간

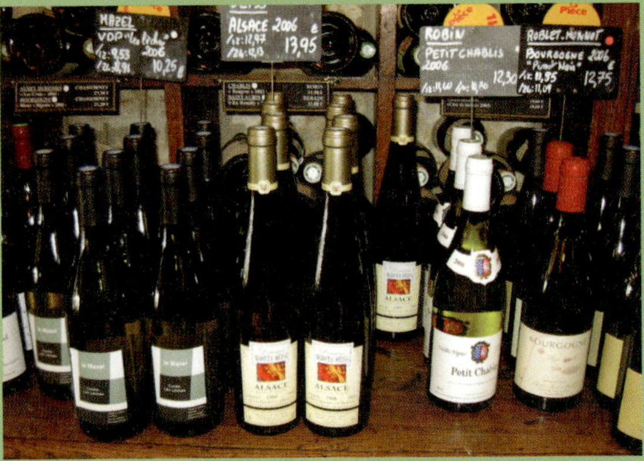
MAZEL
ALSACE 2006
ROBIN
PETIT CHABLIS
2006
ROBLET-MONNOT
BOURGOGNE 2006
ALSACE
Petit Chablis
BOURGOGNE

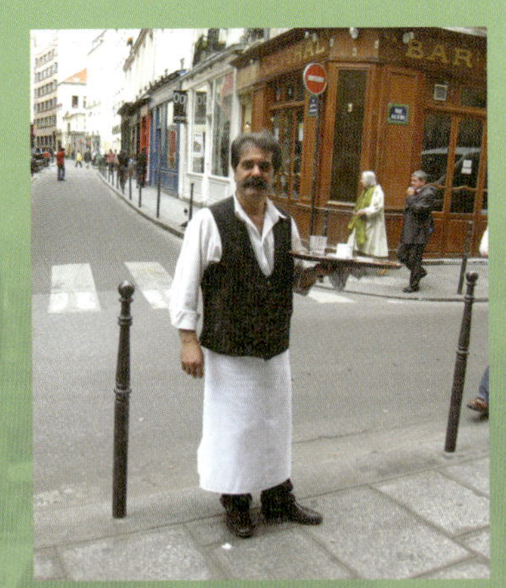

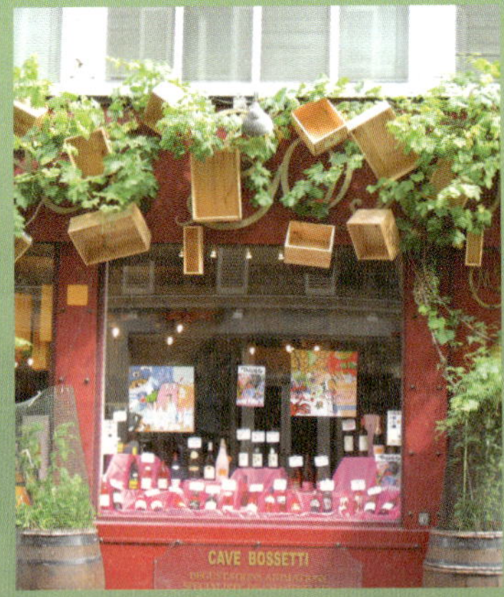

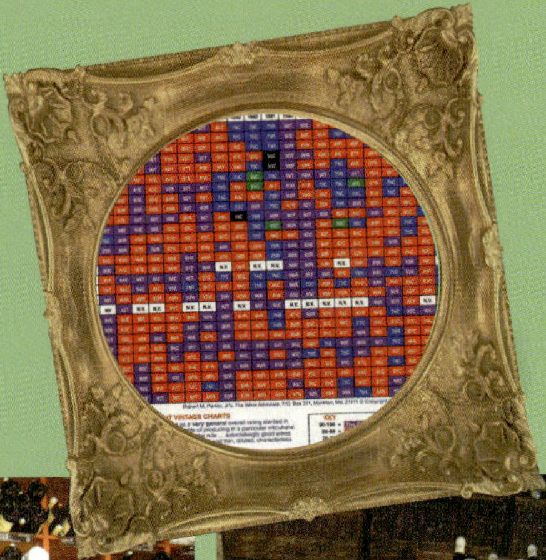

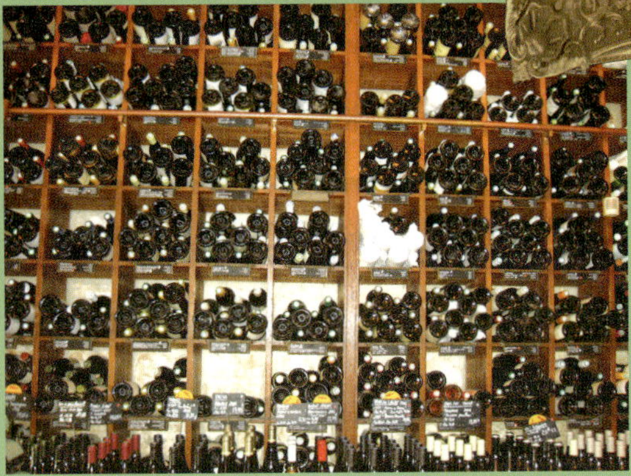

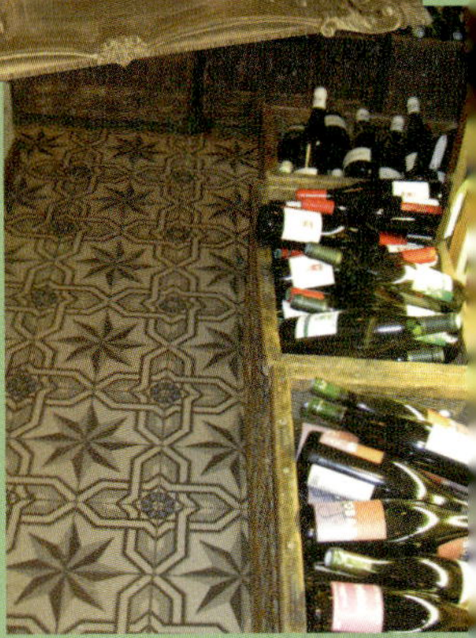

BAR

CAVE BOSSETTI

가격대의 와인을 주문했다. 좀 우습지만 와인의 종주국에서 와인을 고를 때 빈 티지는 아무 소용이 없다는 말이다.

와인 숍에 갔을 때에도 휘갈겨 쓴 와인 라벨을 판독하기란 여간 어려운 게 아니다. 생산 연도, 지역, 생산 회사만 알고 사도 잘 산 것이다. 와인 숍의 매니 저에게 와인에 대해 물어봐야 프랑스어로 생전에 들어본 적이 없는 와인에 대 해 강의를 들어야 할지도 모른다. 파리의 와인 숍에는 프랑스산뿐만 아니라 전 세계에서 생산된 것이 많이 진열되어 있었다. 그냥 생산 국가(지역), 생산 연도, 생산 회사(와이너리) 정도를 보고 사는 것이 속 편하다.

조지 오웰은 이튼 칼리지를 나온 작가이자 언론인으로 〈동물농장〉, 〈1984년〉 등의 작품을 남겼다. 미래 소설인 〈1984년〉에서는 빅브라더에 의해 통제받는 사회를 그려 화제가 되기도 했다. 그의 소설을 보면 현재 수많은 CCTV의 감시 속에 살아가는 현대인의 모습을 예측한 것은 아닌가 하는 생각이 든다. 조지 오웰은 당시 영국의 식민지였던 버마(미얀마)의 경찰 간부를 하다가 영국으로 돌아와 글쓰기를 시작했다. 1928년에 그의 이모가 살던 파리로 가서 글쓰기를 계속하나 생활은 점점 빈궁해져 갔다. 지금도 글쓰기로 살아가는 상황은 조지 오웰이 살던 때와 크게 다르지 않다. 그는 몇몇 잡지에 글을 게재했으나 하루의 대부분은 레스토랑에서 접시를 닦으며 보내야 했다.

조지 오웰의 하숙집은 라탱 남동쪽의 므푸타르 거리에 있다. 스트리트 마켓이 있는 므푸타르 거리는 예전에 빈민들이 모여 살던 곳이라고 한다. 므푸타

르 거리의 포 드 페 6번지가 그가 살았던 하숙집이다. 5층짜리 하숙집 건물은 여느 파리의 건물처럼 대문 앞에 번지수만 달랑 적혀 있다. 옆 카페 웨이터에게 조지 오웰이 몇 층에 살았는지 물었더니 오히려 나에게 반문을 한다.

"조지 오웰이 누구?"

빈궁한 생활 때문에 쇠약해진 그는 1929년에 런던으로 돌아가 잡지 〈뉴 아델피〉에 글을 발표하기도 했으나 생활은 나아지지 않았다. 1931년에 급기야 노숙자로 전락했고 후에 겨우 작은 학교의 교장 자리를 얻었다. 1933년에 그가 발표한 〈파리와 런던에서의 밑바닥 생활〉에서는 그의 경험이 잘 나타나 있다. 조지 오웰에게는 파리가 더 이상 예술과 낭만의 도시가 아니었을 것이다.

주말의 즐거움,
벼룩시장을 가다

세느 강 남쪽의 방브 벼룩시장

벼룩시장 하면 거리에 돗자리를 깔고 앉아 자신이 쓰지 않는 물건을 내다 파는 풍경을 떠올리게 된다. 하지만 최근에는 어느 나라든 벼룩시장 자체가 사업이 되어 버려 일반 사람들이 물건을 처분하려고 나오기보다 전문적으로 중고품을 수집해 파는 상인들이 많아졌다. 당연히 어느 좌판을 가든 물건들이 비슷해 신선함이 떨어지고 정가제라 가격을 깎는 재미도 줄어들었다. 그나마 파리의 여러 벼룩시장 중에 세느 강 남쪽의 방브 벼룩시장이 아직까지는 가장 벼룩시장다운 면모를 간직하고 있다.

지하철 13호선을 타고 방브 역에서 내려 오른쪽으로 가니 이면 도로가에 방브 벼룩시장이 보였다. 방브 벼룩시장은 지하철역에서 멀지 않으나 표지판이 없으므로 헤맬 수 있다. 쑥스럽지만 한 번 더 길을 묻는 것이 덜 고생하는 방법이다. 방브 벼룩시장 초입에는 골동품, 인형, 은제 수저와 나이프, 촛대, 사진 등을 파는 전문 상인들이 있다. 일반적으로 상상하는 벼룩시장과 다른 풍경이어서 실망할 수 있다. 좌판 뒤에는 이들이 짐을 싣고 다니는 중형 밴이나 트럭들이 줄지어 주차되어 있다. 이들은 한국의 소도시에서 오일장을 돌아다니는 장돌뱅이처럼 요일별로 파리와 파리 근교를 돌아다니는 행상이다. 방브 벼룩시장에도 우리의 재래시상에서 볼 수 있는 커피를 파는 아주머니가 있다. 작은 카트에 뜨거운 물과 커피, 차를 싣고 좌판 사이를 돌아다니는 모습이 한국의 커피 아주머니와 꼭 같다.

좌판을 구경하며 사진을 찍는데 어떤 상인이 득달같이 다가와 내게 사진을 지우라고 난리를 쳤다.

"이 사람이 장물을 파나? 왜 사진을 지우라는 거지?"

그냥 은제 수저와 나이프, 포크 등을 찍은 사진일 뿐이라고 해도 지우라고 성화를 부린다.

"그럼, 지우지 뭐!"

그는 내가 디지털카메라에서 사진을 지우는 것을 확인하고서야 비로소 자기 좌판으로 돌아갔다. 간혹 벼룩시장에 훔친 물건인 장물이 나오는 경우가 있다고 듣긴 했다. "내가 찍은 사진 중에 장물이 있었나." 하고 생각할 수밖에. 방브 벼룩시장에는 수백, 수천 명의 사람들이 찾아와 카메라 셔터를 누를 텐데 장물이라면 치워 놓아야지 일일이 쫓아와 지우라고 할 건지 궁금했다. 관광객이 할 일이라곤 구경하고 사진 찍는 일인데 말이다. 가끔 시장처럼 오픈된 장소에서 일하는 사람 중에도 유난스럽게 사진에 대해 민감한 사람들이 있다. 그저 그러려니 하고 넘어가면 될 뿐이다.

방브 벼룩시장을 계속 내려가면 샌드위치와 커피를 파는 매점이 있고 그

옆으로 진짜 벼룩시장이 보인다. 한눈에 보기에도 우리가 상상하던 보통의 벼룩시장이다. 거리에는 좌판이 아닌 돗자리 위 또는 돗자리도 없는 아스팔트 위에 물건을 늘어놓고 팔고 있다. 당연히 물건에는 가격표가 없다. 가격은 주인과 흥정을 통해 얼마든지 깎을 수 있다. 자기가 입던 옷, 시간이 멈춘 시계, 흠집 난 CD플레이어, 낡은 구두 등 팔리면 좋고 팔리지 않아도 그만인 물건들이 놓여 있다. 물건을 내놓은 주인은 손님을 맞이하기보다 옆 자리의 물건 주인과 이야기하는 것에 더 열중한다.

무슨 이야기를 그리 재미있게 하는 걸까? 벼룩시장에 재미를 붙인 사람이라면 일주일에 한 번씩 이 거리에서 볼 텐데도 도무지 수다 삼매경에서 빠져 나올 생각을 않는다. 벼룩시장에서 이들이 내놓은 물건을 구경하는 것도 재미있지만, 물건을 파는 사람들의 모습을 보는 것도 흥미롭다. 방브 벼룩시장에서는 파리 소시민의 모습을 만날 수 있어 즐겁다.

세느 강 북쪽의 생 언 벼룩시장

세느 강의 북쪽에는 생 언 벼룩시장이 있다. 지하철 4호선의 종점인 포르테 데 클리냥쿠르 역에 내리면 벌써 밖이 시끌벅적하다. 파리 외곽 지역이어서인지 흑인이나 중동 사람들도 많다. 생 언 벼룩시장은 클리냥쿠르 지하철역 이름 때문에 클리냥쿠르 벼룩시장으로 알고 있는 사람도 있다. 벼룩시장을 구경하기 전에 시장에서 화장실을 찾아 헤매지 않으려면 지하철역 앞에 있는 맥도날드 햄버거 점에 들르는 것이 좋다. 벼룩시장에서 화장실을 찾기란 여간 어려운 일이 아니다. 시원하게 볼일(?)을 본 뒤, 생 언 벼룩시장으로 출발한다. 지하철역에서 나오는 사람들을 따라가면 자연스레 천막을 쳐놓은 좌판 시장인 마르셰 마라시가 나온다. 주로 청바지나 치마, 벨트 같은 의류와 액세서리를 파는 시장이다. 생 언 벼룩시장에는 마르셰 마라시 같은 시장이 9곳이 있고 그 안에 총 2,000개의 상점과 좌판이 있다고 한다. 생 언 벼룩시장은 일반적으로 생각하던 벼룩시장의 모습은 아니다. 이곳은 과일이나 채소 같은 식품을 팔지 않으니 재래시장도 아니다. 벼룩시장이라고 하기에는 건물이 있는 시장이 많으므로 중고 시장 정도로 이해하면 될 것이다. 그럼에도 생 언 벼룩시장은 19세기부터 시작된 유럽 제일의 벼룩시장으로 알려져 있다.

마르셰 마라시 다음에 있는 마르셰 도핀느는 2층 콘크리트 건물에 고서점이나 골동품, 갤러리 등이 있고, 길 건너 마르셰 안티카와 마르셰 베르내숑에는 골동품과 잡화 등을 파는 300여 개의 상점이 입주해 있다. 이들 마르셰만 보면 벼룩시장이라기보다는 그냥 상점가이다. 생 언 벼룩시장은 규모가 크고 파는 품목이 다

ANTIQUITÉS 56
CREPERIE
& GALETTE
LES DE BRETAGN

양해서 찾는 사람이 많다. 이 때문에 소매치기나 좀도둑이 많은 것으로도 악명이 높다. 관광객들은 소매치기를 피하기 위해 저마다 가방을 꼭 끌어안고 다닌다. 이곳은 흑인과 중동 사람들이 많은 파리 외곽이어서 벼룩시장을 벗어나는 것은 바람직하지 않다. 아무래도 한적한 골목에 있는 관광객들을 보면 없던 마음이 생길 수도 있기 때문이다. 하지만 생 언 벼룩시장 내에서는 특별한 위험이 없고 경찰이 예방 차원으로 순찰을 돌고 있어서 안심이 된다.

마르셰 미롱에는 고가의 샹들리에와 고가구를 팔고 있어 덩치 좋은 경비원들이 경비를 서고 있고, 마르셰 폴 베르에도 고급 고가구와 골동품 등을 파는 상점이 모여 있다. 마르셰 비롱과 폴 베르의 물건 가격은 벼룩시장이라는 명칭이 민망할 정도로 비싸다. 그냥 고급 가구점 거리라고 봐야 할 것이다. 마르셰 폴 베르 안쪽에 있는 마르셰 줄 베레에서는 중고 가구, 잡화 등을 팔고 있다. 간혹 멋진 샹들리에나 고가구 중에 탐이 나는 물건이 있더라도 샹들리에나 고가구를 가지고 돌아갈 일을 생각한다면 쇼핑욕구를 눌러야 할 것이다.

샹들리에와 고가구는 사진을 찍는 것으로 만족해야 한다. 언젠가 여행지에서 전통 도기를 산 적이 있었는데 깨지지 않게 가지고 다니는 것이 고역이었다. 아무리 좋은 물건이 있어도 여행 중 가지고 다닐 수 있는지, 한국까지 무사히 가지고 들어갈 수 있는지부터 따져야 한다. 생 언 벼룩시장에는 곳곳에 카페와 레스토랑이 있어 잠시 쉬어 가기 좋고, 시상에서 빠질 수 없는 먹을거리를 파는 노점도 있다. 고소한 냄새가 풍기는 파르페는 언제나 인기 만점이었고 큼직한 소시지는 관광객들의 군침을 흘리게 한다. 굳이 생 언 벼룩시장에서 물건을 사지 않더라도 주말 한때를 즐겁게 보낼 수 있어, 돌아오는 발걸음이 한결 가볍게 느껴진다.

스트리트 마켓은 푸드 마켓이 상설 시장화된 것을 말한다. 대표적인 스트리트 마켓으로는 라탱 남쪽의 므푸타르 시장이 있다. 지하철 7호선을 타고 센쉬 도벤통 역에 내려 므푸타르 시장이 있는 몽지 거리로 갔다. 므푸타르 시장에서 제일 먼저 눈에 띄는 것은 과일과 채소를 파는 가게들이다. 과일이 잘 보이도록 과일 상자도 비스듬히 세워 놓았다. 토마토, 바나나, 사과, 체리, 배, 포도 등 종류별로 담긴 과일 상자들이 무지갯빛 조화를 이룬다. 과일은 몇 개에 얼마가 아니라 철저히 무게를 달아서 판매하고 있다. 정육점에서는 소고기, 닭고기, 햄, 소시지 등을 팔고 있고, 정육점 한편에는 통닭이 노릇노릇 익어 가고 그 밑에 닭기름 샤워를 한 감자가 쩍 하고 입을 벌리고 있다. 파리의 시장통에서 전기 구이 통닭은 빠지지 않는 품목이다.

생선 가게에서는 생선을 조각으로 나눠 손질을 해서 내놓았다. 마치 명태

살을 저민 것처럼 생선 가시를 제거한 생선살을 필레라고 한다. 필레는 간편하게 기름에 튀기거나 간장 양념에 조려 먹는다. 생선 요리에는 화이트 와인을 곁들이면 더욱 좋다. 파리에서 와인은 술이라기보다 음료에 가까워 동네 구멍가게는 물론 슈퍼마켓, 전문 와인 가게에서까지 쉽게 접할 수 있다. 파리 사람들은 점심이나 저녁에 반주로 와인을 마시는 경우가 많다.

므푸타르 시장에서는 수제 초콜릿 가게도 인상적이다. 시장통에 초콜릿이라니 어울리지 않는 듯 보여도 파리 사람들은 남녀노소 불문하고 초콜릿을 좋아한다. 저렇게 단 것을 많이 먹어도 치아가 좋은 게 부러울 뿐이다. 스트리트 마켓을 구경하며 한 가지씩만 사 먹어도 배가 부르다. 이런 게 시장 구경하는 재미 아니겠는가!

바게트와 크루아상
그리고 카페

진정한 파티시에를 만날 수 있는 파리

드라마 〈내 이름은 김삼순〉에 나왔던 여주인공의 직업이 파티시에 (Pâtissier)였다. 프랑스어에 가깝게 말한다면 빠띠시에 정도로 발음할 수 있는 데 한국어로 번역하면 간단히 '제빵사'라고 하면 될 것이다. 프랑스에서 파티시에는 제빵뿐만 아니라 디저트까지 만드는 사람을 말한다. 파리의 제과점은 참 화려하다. 갖가지 장식이 된 케이크부터 색깔이 예쁜 파이, 크루아상, 바게트까지 파티시에의 실력을 한껏 자랑한다. 이 때문에 파리의 제과점에서는 똑같은 케이크나 빵을 찾아보기 힘들다. 제과점마다 '똑같은 빵은 가라'며 개성 있는 케이크와 빵을 내놓고 있다.

한국에서 중국 요리점의 맛을 알려면 사람들이 가장 좋아하고, 가장 값이 싼 자장면을 먹어 봐야 하듯이 파리에서 제과점의 맛을 알려면 바게트를 먹어 봐야 한다. 바게트는 밀가루, 물, 소금, 이스트만으로 만들어지는 가장 기본적인 빵인데 각 재료의 양, 반죽, 발효, 숙성, 건조, 굽기에 따라 맛이 달라진다. 정말 신기하게도 파티시에마다 바게트의 맛이 조금씩 다르다. 같은 쌀이라도 밥을 하는 사람에 따라 밥맛이 다른 것과 비슷하다.

파리 사람들이 아침 식사로 주로 먹는 바게트는 겉은 딱딱하고 속은 부드러운 게 특징이다. 실제 막 구워진 바게트는 겉도 속 못지않게 부드럽다. 바게트는 버터나 잼을 발라 먹는데 적당한 길이로 자른 바게트에 칼집을 내서 버터를 발라 먹거나 버터와 잼을 함께 발라 먹기도 한다. 파리의 레스토랑에 가면 대개 바게트를 먹기 좋게 잘라 접시에 내놓는다.

　　파리 사람들이 아침에는 바게트만 먹는다면, 낮에는 좀 큰 바게트에 햄, 토마토, 상추, 양파 등을 넣은 바게트 햄버거를 많이 먹는다. 점심 시간에 제과점마다 바게트 햄버거를 사려고 길게 줄을 선 것을 흔히 볼 수 있다. 파리 사람들은 바게트 햄버거를 사서 사무실이나 가까운 공원에서 직장 동료들과 이야기를 하며 먹는다. 아침에 바게트, 점심에 바게트 햄버거, 저녁에 피자를 먹는 사람이 있으니 파리에서는 하루 세 끼를 빵으로 해결하는 셈이다.

　　우리는 종종 밀가루 음식이 소화가 잘 안 된다고 먹지 말라고 하는데, 유럽 사람들은 세 끼를 다 밀가루 음식만 먹어도 소화가 잘 되는 것 같다. 반대로 유럽 사람들이 밥을 먹으면 소화가 안 될까? 나도 파리에서 바게트만 엄청 먹었는데 소화만 잘 됐다.

마리 앙투아네트가 전한 크루아상

프랑스 혁명 당시, 신상녀 마리 앙투아네트가 굶주린 시민들에게 내뱉은 한마디 말이 아직도 풍자적으로 인용되곤 한다.

"빵이 없으면 케이크를 먹으면 되지."

이 말은 성난 시민들을 자극해 마리 앙투아네트 스스로를 결국 죽음에 이르게 만든다. 이 말과 함께 그녀는 파리를 대표하는 빵과도 관련이 있다. 파리 사람 중에 아침으로 바게트 대신 크루아상을 챙겨 먹는 사람이 있다. 딱딱한 바게트보다 부드럽고 맛 좋은 크루아상이 먹기에 백 배는 더 낫다. 프랑스에 크루아상을 전한 인물이 바로 마리 앙투아네트이다. 크루아상은 원래 헝가리 빵이었는데 오스트리아로 전해졌고 오스트리아 황녀였던 마리 앙투아네트가 프랑스로 시집오면서 크루아상을 가져왔다는 것이다. 크루아상은 프랑스어로 '초승달'이라는 뜻으로, 빵 모양이 초승달을 닮았는데 사실은 오스트리아와 투르크 간의 전쟁 중 오스트리아의 제빵사가 투르크의 반달기를 보고 비슷하게 만들었다고 한다.

크루아상에는 밀가루, 이스트, 버터, 우유, 달걀, 설탕이 들어간다. 반죽을 접었다 펴고를 반복해 바삭이는 질감을 만들고 버터를 넣어 고소한 맛을 낸다. 바게트보다 한 단계 어려운 기술이 바삭이는 질감을 잘 만드는 것이다. 접고 편 반죽 사이로 미세한 틈이 생겨 씹을 때 바삭이게 되는 것이다. 이렇게 버터가 들어간 바삭이는 빵을 페이스트리라고 한다.

카페! 카페! 카페

　빵과 함께 마시는 커피를 파리에서는 카페라고 한다. 정확히는 에스프레소 커피를 카페라고 한다. 그래서 파리의 카페에서는 카페를 주문하는 것을 흔히 볼 수 있다. 간장 종지 같은 잔에 담긴 에스프레소에 각설탕 2개 정도를 넣고 젓지 않고 원샷으로 마시면 뜨거운 기운과 커피의 쓴맛, 설탕의 단맛이 목을 타고 내려간다. 카페를 마신 뒤에는 카페와 함께 내온 물로 입가심을 하면 끝이다. 한국의 스타벅스에서 파는 에스프레소는 '싱글', '더블'이라 하여 간장 종지에 담기는 에스프레소의 양을 조절하고 있다. 싱글은 차마 마시기가 밋밋할 정도의 양이고 더블이라 해도 파리의 넉넉한 카페의 양보다 적다. 커피를 잘 안다는 스타벅스가 이러니 좀 실망이다. "유럽에서 카페 마셔 봤나?" 하고 묻고 싶을 지경이다. 그래서 유럽식 에스프레소를 즐기는 호주에서 스타벅스가 고전하고 있는지도 모른다. 양과 맛에서 유럽식 에스프레소를 당하지 못하는 것이 아닐까. 파리에서도 당연히 스타벅스를 찾기보다 카페에서 카페를 마시는 것이 양과 맛에서 더 만족스러울 것이다. 물론 스타벅스의 현대적 분위기와 쾌적함, 달짝지근한 다른 메뉴들은 충분히 매력이 있기는 하다.

　에스프레소의 진한 맛을 싫어하는 사람은 누아제트를 주문하면 된다. 누아제트는 에스프레소에 약간의 우유를 첨가한 것이다. 아니면 카페라테와 같이 스팀밀크를 넣은 카페크림이나 아메리칸 커피와 비슷하게 에스프레소 커

PETIT COMPTOIR

피에 뜨거운 물을 섞은 카페 알롱제를 마셔도 좋다. 이런 프랑스어 커피 메뉴 이름을 모르면 편하게 카페라테나 아메리칸 커피를 주문해도 알아듣는다. 카페라테는 에스프레소에 우유를 넣은 것으로 커피를 구하기 힘든 빈민층에서 커피의 양을 늘려 마시기 위해 만들어졌다는 이야기가 전해진다. 당시 빈민층에서는 상류층 사람들이 마시던 비싼 에스프레소 커피를 마음껏 마실 수 없었기 때문이다. 카페라테와 비슷한 카푸치노는 에스프레소에 거품이 이는 스팀 밀크를 넣고 계피 가루를 뿌린 것이다.

파리를 여행하다가 노천 카페에 들러 한 잔의 카페를 시켜 놓고 지나가는 사람들을 바라보고 있노라면 나도 조금은 파리 사람이 된 것 같다. 꼭 이름난 카페만을 고집할 필요는 없다. 동네 허름한 카페라도 상관없다. 동네 카페에 앉아 카페를 마시며 옆 테이블의 파리 사람과 친구가 되어도 좋을 것이다.

    파리에서 매일 아침 바게트를 먹다 보니 바게트 맛이 뭔지 조금은 알 것 같다. 껍질의 노릇노릇한 맛과 속의 약간 짠 듯한 맛이 바로 바게트의 맛이다. 늘 시간에 쫓겨 바게트를 먹으니 딱딱한 바게트에 입안이 상하기도 했다. 막 구운 바게트였으면 겉이 부드러웠을 텐데 여행 중 먹은 대부분의 바게트는 늘 가죽처럼 질겼다. 바게트 때문일까. 파리에서 빵 하면 최고라는 프알랑(Poilâne)을 찾아가 봤다. 지하철 4호선을 타고 생 쉴피스 역에서 내려 생 쉴피스 성당 반대쪽으로 걸어갔다.

    파리의 최고 빵집이라는 프알랑은 생각보다 작다. 그냥 건물 한 칸이 전부이다. 물론 프알랑 안에 들어가 보면 빵을 파는 곳의 안쪽에 빵 포장실, 더 안쪽에 빵 굽는 곳이 있어 폭은 좁으나 길이가 긴 건물임을 알 수 있다. 프알랑의 주

종목은 팽 오 누아라는 호두빵과 팽 드 캉파뉴라는 시골빵이었다. 호두빵은 어떻게 생겼는지 짐작이 가지 않았지만 시골빵은 한눈에 알아볼 수 있었다. 시골빵은 동그랗고 큰 투박한 빵이다. 마치 프랑스 중세 영화에서 봤음직한 특징 없는 빵으로 가난한 가족이 시골빵 한 덩어리를 잘라 먹는 광경이 떠오른다.

시골빵에는 딱 네 가지 재료만 들어간다. 밀가루와 물, 대대로 내려오는 천연 누룩, 프랑스 서해안의 천일염이 그것이다. 빵은 흙으로 만든 화덕에서 장작불로 굽고 여기에 장인의 정성이 더해져 기가 막힌 시골빵이 만들어지는 것이다. 프알랑에는 그 흔한 바게트가 보이지 않는다. 파리의 빵집이라면 기본이라 할 수 있는 바게트가 없다. 그 이유는 제빵사였던 리오넬 프알랑이 자신은 맛없는 빵의 대명사인 바게트를 만들지 않겠다고 선언했기 때문이란다.

금빛 유혹, 샤넬 No.5

CHANEL
LES EXTRAITS
COCO
COCO
MADEMOISELLE
N°5
ALLURE
SENSUELLE

파리 사람에게서 나는 향수 냄새

　　예술의 도시이자 패션의 도시인 파리에 사는 사람들에게는 달콤한 향수 냄새가 난다. 복잡한 지하철 안이나 거리에서 마주칠 때 파리 사람에게서 독특한 향수 냄새가 전해지는 것을 느낄 수 있다. 화려한 옷차림을 했거나 고급 백화점에서 나오거나 고급 차에서 내리는 사람일수록 향수 냄새가 진하다. 이들이 출입하는 곳에는 이미 넘치는 방향제가 뿌려져 있어 몸에 향수를 더 뿌리지 않아도 될 것 같은데 말이다. 그나마 평범한 사람에게서는 향수 냄새와 그 사람의 체취가 반반씩 나는 듯하다. 평범한 사람의 냄새는 화려한 사람에게서 나는 향수 냄새보다 친근하게 느껴진다. 친근하다는 표현 속에는 편안하고 인간적인 느낌이 포함되어 있다.

　　파리는 향수의 도시라고 해도 좋을 만큼 향수 가게가 많다. 향수 박물관이 있는 오페라 거리 인근은 향수의 중심지라 할 수 있다. 향수 박물관은 남프랑스의 그라스에 기반을 둔 오래된 향수점인 프라고나르가 운영하고 있다. 이곳에서는 여러 가지 향수 원료를 담은 유리병과 향수를 추출하는 증류기, 향료를 재는 저울 등을 볼 수 있다. 이곳에서는 향수뿐만 아니라 향을 이용한 목욕용품, 비누, 샴푸, 방향제 등 다양한 향기 관련 상품들까지 전시, 판매하고 있다. 파리에 처음 향수점이 등장한 것은 1533년의 일이다. 프랑스의 앙리 2세에게 피렌체 명문 가문인 메디치가의 딸 카트린 드 메디치가 시집오면서 그녀의 조향사였던 비앙코를 데려왔고 그가 파리에 처음으로 향수점을 열었다.

　　향수 박물관을 나와 갤러리 라파예트로 발걸음을 옮겼다. 많은 향수를 보

려면 개별 브랜드숍보다 백화점의 화장품 코너로 가는 것이 편리하다. 화장품 코너에 있는 향수 판매대에는 보스나 캘빈클라인, 샤넬 등의 향수가 브랜드별로 진열되어 있다. 여러 향수 중에 프라고나르처럼 익숙하지 않은 프랑스 향수보다는 아무래도 익숙한 브랜드의 향수에 손이 간다. 갤러리 라파예즈 인근 프랭탕 백화점에도 고풍스러운 돔 아래에 향수 판매대가 있다. 향수 판매대에는 독특하고 예쁜 향수병이 많이 있다. 향수를 쓰려고 사기보다 향수병이 예뻐서 모으는 사람이 있기도 하다. 향수의 색에 따라 향수 병의 색깔이 다양하다. 대표적인 것이 금색을 가진 샤넬 No.5로 금색을 살리기 위해 투명한 병에 담겨 있다. 대개 투명한 향수 병에는 다채로운 색깔의 향수가 담겨 있기 마련이다. 간혹 맥주의 변질을 막기 위해 갈색 병에 담는 것처럼 향수의 변질을 막기 위해 색이 있는 향수병을 사용하기도 한다.

　　백화점 외에 화장품과 향수 전문점인 세포라에 가면, 12,000여 종의 화장품과 향수를 마음껏 써볼 수 있다. 세포라는 체인점이어서 파리 시내 곳곳에서 쉽게 찾아볼 수 있다. 세포라에서는 목욕용품을 구경하는 것도 재미있다.

샤넬의 조향사였던 에르네스트 보가 신제품 향수를 개발하며 이렇게 말했다.

"향은 뛰어나지만 제작하려면 비용이 많이 들 걸요."

그러자 디자이너 샤넬이 한 치의 망설이도 없이 답변했다.

"그래요. 그 성분 중에 재스민이 가장 비싼 거죠. 그럼 재스민을 더 많이 넣으세요. 그리고 세상에서 가장 비싼 최고급 향수를 만들면 되잖아요."

향수는 좋은 향기를 파는 것 같아도 실은 향수가 가진 판타지를 파는 경우가 많다. 샤넬 넘버5(No.5)는 섹시 스타 마릴린 먼로가 잘 때 걸치고 자는 것은 샤넬 넘버5밖에 없다고 해서 큰 화제가 되기도 했다. 사람들은 "섹시 스타 마릴린 먼로가 쓰는 향수래."라는 한 마디에 이성을 잃고 샤넬 넘버5를 찾게 된 것이다. 더구나 패션 명품 샤넬이다. 샤넬 넘버1이면 어떻고 샤넬 넘버3이면 어떠랴. 어떤 것이라도 사람들은 섹시 스타와 명품 샤넬이라는 판타지에 사로잡혀 샤넬 넘버5를 사게 되는 것이다.

사실 샤넬 넘버5는 조향사 에르네스트 보가 제시한 여러 샘플 중의 하나였다. 그는 샤넬에게 넘버1에서 5번, 넘버20에서 24번의 향수 샘플을 보여 주었고 샤넬은 이중 넘버5와 넘버22를 선택했다. 넘버5와 넘버22는 샤넬이라는 이름을 앞에 붙여 샤넬 넘버5와 샤넬 넘버22가 되었다. 나머지도 향이 나쁜 것은 아니었을 것이다. 단지, 샤넬의 선택을 받지 못한 것일뿐이다.

GUERLAIN
GIVENCHY
GUERLAIN
AQUA ALLEGORIA
SEPHORA
Parfums & Cosmétiques
J'adore
EAU DE PARFUM
Dior
TESTEUR
COLOGNE
DIESEL
Eau de toilette 120ml 59.10€
TESTEUR
DIESEL
FUEL FOR LIFE
120 ML
DIESEL
THE BEAT

Kaloo
Kaloo
BABAR
BABAR
Le Petit Prince
Eau de Toilette
Eau de Toilette
TESTEUR
NOUVEAU
ARTHUR
L'Elixir de sélénia
TESTEUR
TESTEUR
IKKS
IKKS
PLANÈTE KID
PLANÈTE KID
SPIDER-MAN
Disney
LE VOYAGE D'ARTHUR
Eau Petit Rêve
34.00 €
PLANÈTE KID
19.20€

한국에서 미인을 말할 때 '화장품 모델을 했느냐'의 여부에 따라 판단한다는 우스갯소리가 있는데 파리에서는 '향수 모델을 했는가'에 따라 판단될지도 모르겠다. 이 때문인지 샤넬 넘버5의 모델들은 쟁쟁한 미모의 배우나 모델이 많다. 프랑스의 대표 미인이자 영화배우였던 카트린 드뇌브, 메이크업을 하지 않는 영화배우로 유명했던 캐롤 부케, 수영 선수 출신의 모델 겸 배우인 에스텔라 웨런, 영화 〈아멜리에〉의 주인공인 오드리 토투, 영화 〈물랭루즈〉의 니콜 키드먼, 떠오르는 신예 여배우인 키이라 나이틀리, 영국의 중견 배우인 엠마 톰슨까지 한결같이 눈부신 미모를 자랑한다. 샤넬 넘버5가 광고 모델 같은 미모를 가져다 주지는 않아도 향수에 광고 모델의 판타지까지 더해지는 것은 사실인 것 같다. 다만 판타지에 너무 빠져서 점점 진해지는 향기에 매몰되지 말아야 할 것이다.

식물원 또는 식물 공원(Jardin des Plantes)은 행정 구역상 팡테옹이 있는 5구 동쪽 끝에 있다. 세느 강가에 있는 식물원 옆에는 오스텔리츠 역이 있다. 식물원은 현재 자연사 박물관 부속 정원으로 되어 있으나, 1626년에 약용 식물 재배를 위한 왕실 식물원으로 출발했다. 식물원에 들어서면 울창한 플라타너스 길이 인상적이다. 플라타너스 길 사이의 프랑스식 평면 정원에는 계절에 맞는 꽃들이 심겨 있다. 멀리 보이는 웅장한 건물이 자연사 박물관으로 내가 찾아갔을 때에는 마침 고래 특별전을 하고 있었다. 자연사 박물관 옆으로 광물 및 지질학 갤러리와 식물학 갤러리, 해부학 갤러리 등이 나란히 있다.

식물원에는 여러 특이한 품종이 있는 장미 정원, 멕시코 식물들을 볼 수 있는 멕시코 온실, 알프스 식물이 있는 알프스 고산 식물 정원, 겨울 정원, 아이리시 정원 등 테마 정원이 따로 있다.

　　파리의 식물원에서 중세부터 전 세계의 식물을 채집하여 연구하고 기록을 남긴 것은 대단한 일이었다. 흔히 말하는 기초 과학의 힘이랄까. 식물뿐 아니라 광물 및 지질학 갤러리에서는 이미 오래 전부터 전 세계의 지하 광물을 손바닥 보듯 파악하고 있었다. 그래서 요즘 한국의 에너지 회사들이 해외 자원을 개발한다고 가 보면 벌써 프랑스나 영국의 기업들이 수십 년 전부터 와 있는 걸 볼 수 있다고 한다. 더 기가 막힌 것은 우리 꽃이 외국에서 개량되어 '미스 김 라일락', '구상나무', '나리' 등의 이름을 달고 관상용으로 인기를 끌고 있는 것이다. 우리가 우리의 꽃과 나무에 대해 관심을 갖지 않으면 더 이상 우리 것이 아닌 외국의 꽃과 나무가 되어 버릴 것이다. 외국에 나가면 애국자가 된다는데 파리의 식물원에서 우리의 꽃과 나무를 다시 생각해 보게 된다.

다시 가 보고 싶은
파리의 카페

사람들이 노천카페에서 카페(커피)를 마시는 것은 파리를 상징하는 풍경 중 하나이다. 노천카페의 의자들은 서로 마주보고 있지 않고 지나가는 사람들을 볼 수 있게 놓여 있다. 노천카페에 온 사람들은 마치 영화관에라도 온 것처럼 나란히 앉아 지나가는 사람들을 바라본다.

카페에 앉아 카페를 마시며 지나가는 사람들을 보고 있노라면 시간 가는 줄 모른다. 친한 친구나 연인과 함께 수다를 떤다면 시간이란 것을 아예 잊어버릴 수도 있다. 파리 사람들에게 카페는 아침, 점심, 저녁으로 하루에 세 번 들르게 되는 곳이다. 아침에는 모닝 커피를 마시기 위해, 점심에는 식사 후 입가심 커피를 마시기 위해, 저녁에는 맥주나 와인을 마시기 위해 들른다. 무슨 할 말이 그리 많은지 파리 사람들은 코를 맞대고 즐거운 수다를 떤다. 카페에서의 모습만 보면 파리 사람들은 정말 말이 많은 사람들이다.

파리의 유명 카페를 보기 위해 생 제르맹 데 프레 성당 앞에 있는 카페 플로르(Café de Flore)로 갔다. 카페 플로르는 찾기 쉬웠다. 플로르라는 말 자체가 불어로 '꽃'이란 뜻으로 카페 외부가 꽃과 화초로 장식되어 있기 때문이다. 오전 이른 시간임에도 카페 밖의 자리에는 사람들이 많다.

미처 먹지 못한 아침 식사를 해결하려는 것일까. 엄마와 함께 온 소년의 테이블 위에는 모닝 빵이 수북이 쌓여 있다. 다른 테이블에는 카페의 기본 메뉴인 카페와 물 한 잔이 놓여 있다. 사람들은 노천카페에 앉아 신문을 보거나 약속한 사람을 만나 대화를 나눈다. 오전에는 그나마 한산해서 빈자리가 보인다. 붉은

색의 긴 의자에 조명은 반투명 유리판을 덧대어 눈에 거슬리지 않았다. 카페 안의 벽에는 베르사유 궁전의 거울의 방처럼 커다란 거울이 붙어 있다. 주방 쪽에는 커피나 오렌지 주스, 맥주, 와인 등을 내놓는 바가 보인다.

카페 플로르를 드나들었던 철학자 사르트르는 이곳을 '집으로 삼았다'라고 말할 만큼 애정을 가졌다. 애들 말로 하면 '플로르의 죽돌이'였던 셈이다. 파리에서는 카페로 매일 출근해 하루 종일 죽치고 있어도 별말을 하지 않는다. 매일 한 잔의 카페를 마시는 손님이지만 사르트르를 카페 플로르의 가족으로 대했는지도 모르겠다. 요즘 들어 한국에서도 스타벅스의 영향으로 커피점에 책을 들고 와 공부하거나 노트북으로 업무를 보는 사람이 생기긴 했다. 그전까지는 커피점이나 카페에 오래 앉아 있으면 주인의 눈총에 자리를 비워주기 일쑤였다. 피크 타임이 아니어서 손님이 없는데도 말이다. 그저 손님은 커피를 팔아

주고 빨리 자리를 떠야 하는 존재에 불과했지, 커피점이나 카페의 일원은 아니었다. 그러니 카페 레 되 마고에서 탄생한 카뮈의 〈이방인〉이나 글래스고의 한 카페에서 완성된 〈해리포터〉 같은 작품을 한국에서는 찾아볼 수 없는지도 모르겠다. 우리의 커피점이나 카페는 좀 야박하고 낭만이 없어 보인다.

카페 플로르는 60년대 영화 누벨바그 시대의 배우들과 이브 생 로랑 같은 디자이너, 사르트르 같은 철학자, 여러 문학가들이 찾은 곳으로 유명하다. 한국에도 영화배우 안성기, 소설가 이외수 선생 등이 자주 찾는 커피점이나 카페가 있었으면 좋겠다. 한국의 커피점이나 카페에 뭔가 역사와 전통이 스며 있는 곳은 없을까.

카페 플로르 옆에는 문학 카페라 불리는 레 되 마고(Les Deux Magots)가 있다. 카페 레 되 마고는 바깥 자리에 사람들이 드문드문 앉아 신문을 보며 카페를 마시는 전형적인 카페 풍경을 연출한다. 안으로 들어가면 카페 플로르처럼 벽마다 커다란 거울이 있고 고풍스러운 촛불 조명이 인상적이다. 한 기둥에는 중세의 목각 조각 인형이 카페에 들어온 사람들을 내려다보고 있고 천장에는 멋진 샹들리에가 걸려 있다. 카페 한가운데에는 백합을 한아름 꽂아 놓아 진

한 꽃 향기가 진동했다. 카페의 벽에는 그동안 카페를 거쳐갔던 명사들의 명패
와 옛 사진이 걸려 있어 그 자취를 확인할 수 있다. 작가인 오스카 와일드, 헤밍
웨이, 카뮈, 철학자인 사르트르, 그의 부인인 시몬 보브와르, 피카소 등 이름만
들어도 알 수 있는 쟁쟁한 사람들이다. 카뮈는 이 카페에서 소설 〈이방인〉을 집
필했다. 소설 하나를 끝내려면 최소 몇 달은 걸렸을 텐데 이 카페는 카뮈가 편
안히 글을 쓸 수 있을 만큼 편했나 보다. 카페 안쪽에 자리를 잡은 노신사는 카
페 한 잔을 놓고 가져온 신문을 다 읽고 가려는 듯 보였다. 그는 아마 평생 레 되
마고를 찾는 단골 손님일 것이다.

파리파 화가들이 즐겨 찾은 르 돔

　　르 돔(Le Dome) 카페에 가려고 지하철 4호선을 타고 바뱅 역에 내렸다. 바뱅은 몽파르나스 인근 지역인데 제1·2차 세계대전을 거치며 외국인 화가들이 이곳에 모여 아틀리에를 차렸다. 이들을 '에콜 드 파리파' 또는 줄여서 '파리파' 화가라고 한다. 고향을 떠나 타국에서 그림을 그렸던 이들 작품의 특징은 고독과 외로움, 불안, 향수 등이었다. 파리파에는 이탈리아인 모딜리아니, 음악가 사티, 러시아인 샤갈, 에스파냐인 달리 등이 있다. 르 돔에는 파리파 화가뿐만 아니라 헨리 밀러, 헤밍웨이 같은 미국 작가들도 모여들었다.

　　카페 안에는 이들의 옛 사진들로 장식이 되어 있다. 낡은 흑백 사진 속에는 마치 시간이 멈춘 듯 젊은 시절의 헤밍웨이와 모딜리아니, 샤갈, 헨리 밀러 등의 모습이 담겨 있다. 르 돔은 카페일 뿐만 아니라 해산물 레스토랑을 겸하고 있다. 카페와 레스토랑을 구역으로 나눈 것은 아니고 입구 쪽이 카페, 안쪽이 해산물 레스토랑이다. 해산물 요리 중에는 우리의 해물탕이나 해물찌개에 해당하는 부야베스가 인기라고 한다.

　　르 돔 옆에는 라 로톤드(La Rotonde)가 있다. 이곳 역시 몽파르나스 지역에 자리 잡은 예술가들이 즐겨 찾던 카페이다. 라 로톤드의 인테리어 테마 색은 붉은색이다. 카페 안팎의 의자와 벽이 붉은색이고 조명은 오렌지색이다. 라 로톤드 안에는 파리파 화가들의 작품이 걸려 있어 이곳이 그들의 주

LES DEUX MAGOTS

요 활동 무대였음을 말해 준다. 라 로톤드를 구경하고 인근의 르 셀렉트(Le Sélect) 카페에 들렀다. 이곳은 헤밍웨이의 소설 〈해는 다시 떠오른다〉의 무대가 되기도 한 곳이다. 르 돔 옆의 라 쿠폴(La Couple) 카페 역시 파리파 화가들과 미국 작가들이 즐겨 찾던 곳이다. 라 쿠폴의 내부는 커다란 사진과 그림으로 장식되어 있고 벽에는 초현실적인 분위기의 그림이 그려져 있다. 이렇듯 바뱅 역 인근에는 예술가들이 사랑한 카페가 모여 있다.

이 외에도 파리에는 유명한 카페가 많이 있고 카페마다 독특한 개성을 지니고 있다. 따라서 어느 카페든 카페 한 잔을 놓고 지나가는 파리 사람들을 바라보며 시간을 보내는 것은 즐거운 일이 될 것이다. 파리의 카페라면 어느 곳을 찾더라도 다시 가 보고 싶은 카페가 되리라 확신한다.

세느 강의 북쪽에 있는 카페 중에는 루브르 박물관 한쪽에 있는 카페 마리나, 영화 〈아멜리에〉에 나왔던 몽마르트르 언덕의 레 되 물랑 카페, 주로 게이들이 찾는 마레 지구의 오픈 카페 등이 가볼 만하다. 오픈 카페는 말 그대로 오픈되어 있어 일반인이 찾아도 무리가 없다. 단 남남, 여여 커플의 모습이 색다르다.

고흐가 파리에 머문 것은 1886년에서 1888년까지 2년에 불과했다. 그는 1853년 네덜란드에서 목사의 아들로 태어나 서점과 화구상의 종업원, 부목사 등을 전전하다가, 26살 무렵인 1880년에서야 화가가 되기로 결심한다. 이 무렵 동생 테오가 파리에서 화구상 종업원을 하며 몽마르트르에 살았다. 당시 몽마르트르에는 피카소, 로트레크, 베르나르 같은 화가들이 모여 작업을 하고 있었다. 세느 강 남쪽의 몽파르나스에는 모딜리아니, 샤갈, 사티 같은 화가들이 있었다. 고흐는 몽마르트르에서 인상파 화가들의 그림과 일본 풍속화 우키요에를 보고 많은 영향을 받았다. 그전까지는 램브란트와 밀레의 영향으로 그림이 어두웠다고 한다.

고흐의 집을 찾아가기 위해서는 지하철 2호선 블랑쉬 역에서 내린다. 블

랑쉬 역에서 나가면 먼저 물랭루즈의 화려한 네온사인이 눈앞에 어른거린다. 물랭루즈 인근 피갈 거리에는 섹스쇼와 섹스 비디오를 상영하는 비디오방이 넘쳐나 몽마르트르 언덕으로 향하는 발걸음을 무겁게 한다. 묘하게도 예술과 외설은 한 곳에서 시작되는 듯하다.

이어 몽마르트르 언덕을 향해 르 픽 거리로 올라간다. 영화 〈아멜리에〉에 나왔던 카페를 지나 삼거리 위쪽이 고흐가 살았던 54번지이다. 고흐는 이 건물 3층에서 동생 테오와 함께 살았다. 고흐가 피카소, 로트레크와 어울리던 아틀리에는 이곳에서 멀지 않은 아베스 역 근처에 있다. 르 픽 54번지 건물의 파란 대문을 보고 있으면 지금이라도 초췌한 얼굴의 고흐가 문을 열고 나올 것만 같다.

프랑스 혁명 이전에 조성된 뒷골목 산책 코스
파리 시청에서 보쥬 광장까지

부티크와 갤러리가 즐비한 파리의 뒷골목

파리 시청에서 바스티유 사이의 지역을 마레 지구라고 부른다. 마레 지구에는 프랑스 혁명 이전에 조성된 건물들이 그대로 남아 있어 파리의 중세 모습을 엿보게 한다. 최근에는 좁은 골목 사이로 수많은 부티크와 갤러리 등이 들어서서 매력을 더하고 있다. 진정한 파리의 뒷골목이라 할 만하다.

마레 지구의 뒷골목 산책 코스는 파리 시청을 출발해 국립 문서 보관소 → 피카소 미술관 → 카르나빌레 박물관 → 기마르 유대 교회당 → 쉴리 저택 → 보쥬 광장, 빅토르 위고의 집에서 끝이 난다. 파리 시청으로 가기 위해서는 지하철 1호선을 타고 오텔 데 빌라(Hôtel de Ville)에 내린다. 오텔은 지금의 호텔(Hotel)의 어원이 되는 말로 프랑스어에서는 첫 'H'가 묵음이다. 빌라 역시 지금의 별장을 뜻하는 빌라(Villa)의 어원이 되는 말이다. 파리 시청은 네오 르네상스 양식으로 건물 외부에 108인의 명사 조각이 세워져 있다. 파리 시청 앞 정원은 겨울에 아이스링크로 바뀌어 스케이트를 타는 아이들의 놀이터가 된다. 파리 시청 옆에 있는 백화점 BHV는 여행자들의 눈이 휘둥그레질 만큼 멋진 곳이다. 쇼핑 마니아라면 라파예즈나 프랭탕 백화점과 얼마나 다른 물건이 있는지 둘러보자.

　백화점 BHV 옆, 아르치브 길로 올라가면 모자, 액세서리 등을 파는 잡화점들이 보인다. 물건이 잔뜩 쌓여 있는 상점을 보면 소매뿐만 아니라 도매를 겸하고 있음을 알 수 있다. 재미있는 것은 잡화점 주인들이 모두 중국 사람이라는 점이었다. 언젠가 아르치브 길의 위쪽까지 올라간 적이 있었는데 그곳까지 상당히 많은 중국 상점이 자리 잡고 있었다. 그렇다고 중국어 간판을 내세운 차이나타운 성격은 아니고 잡화점 주인들이 중국 사람이라는 것뿐이다. 중국 사람들은 차이나타운에만 있는 게 아니었다. 아르치브 길의 끝에는 국립 문서 보관소가 있다. 그리스 신전 입구 같은 대문으로 들어가면 멋진 옛 대저택이 보이고 돌기둥으로 둘러싸인 정원이 아름답다. 파리에서는 대개 옛 대저택이 관공서나 박물관으로 쓰이는 경우가 많다. 국립 문서 보관소 앞길은 프랭 부르주아 거리로 좁은 골목 양편에 부터

파리 시청

국립 문서 보관서

크들이 자리 잡고 있다. 프랑 부르주아 거리를 어느 정도 걷다가 왼쪽으로 걸어올라 가면 피카소 미술관이 나온다. 피카소 미술관 주위로 갤러리가 많이 있어 미술을 좋아하는 사람이라면 그림을 보면서 하루를 보낼 수 있을 것이다. 갤러리에 전시된 그림들은 일반적인 정물이나 풍경화 같은 것이 아니라 거의 현대 회화라고 보면 된다. 실험적인 작품들이 많아 보는 재미가 쏠쏠하다.

피카소 미술관에서 아래쪽에 있는 카르나빌레 박물관을 찾는 일은 쉽지 않다. 종종 골목에 표지판이 있지만 좁은 골목과 비슷한 옛 건물들로 인해 동서남북이 어디인지 방향 감각을 잃어버린다. 다행인 것은 카르나빌레 박물관이 프랭 부르주아 거리 가까이에 있다는 점이다. 카르나빌레 박물관에도 미술품이 잔뜩 전시되어 있다.

"또 미술품이야."

어떤 사람은 루브르, 오르세, 피카소, 로댕 미술관까지 미술품 감상이라면 진저리가 날 수도 있다. 그렇다면 예쁜 카르나빌레 건물과 잘 가꾸어진 정원만 보고 나와도 좋다. 그런다고 누가 뭐랄 사람은 없다. 사실 파리의 미술관이란 미술관을 다 돌아다닌 필자도 이젠 좀 지겹다.

피카소 박물관

카르나빌레 박물관

유대인 지구와 중동의 채소 샌드위치 팔라페

　　카르나빌레 박물관에서 아래로 내려가면 기마르 유대 예배당이 있다. 그곳으로 가는 동안 거리에서 긴 검정 모자를 쓰고 수염을 기른 유태인의 모습을 볼 수 있었다. 워낙 '나 유대인이오' 하고 티를 내고 다니는 것 같아 들이대듯 사진 찍기가 어려웠다. 기마르 유대 교회당은 아르누보의 대가인 기마르가 설계해 곳곳에 유연한 나무덩굴 모양의 디자인을 볼 수 있다. 약간의 기부금을 내면 2층 예배당 안까지 들어갈 수도 있다. 기마르 유대 교회당 주변인 로지에 거리와 에쿠프 가는 유대인이 많이 사는 지역으로 알려져 있다. 재미있는 것은 유대인 지구인 로지에 거리에서 팔고 있는 중동식 채소 샌드위치인 팔라페이다. 유대인과 이슬람 사람들은 원래 앙숙인데 말이다. 아르치브 거리에는 중국인들도 가득하니, 마레 지구는 다국적인 파리의 모습을 잘 보여 주는 듯하다.

팔라페 가게

로지에 거리

　　팔라페를 먹으며 지하철 1호선 생 폴 역을 지나 쉴리 저택으로 갔다. 1642년에 처음 지어져 1970년대 초에 재건된 쉴리 저택은 프랑스 귀족 저택의 모델이 되는 곳이다. 현재는 국립 문화재 센터와 문화 사진 협회 등이 입주해 있는데 특별한 볼거리는 없다. 그보다는 생 폴 역 거리의 번잡함이 반갑다. 운이 좋으면 생 폴 성당 앞에서 거리 예술가를 만날 수도 있다.

　　쉴리 저택에서 위로 올라가면 정방형의 주택 단지가 나온다. 그 안에 있는 공

쉴리 저택

원이 보쥬 광장이다. 광장에는 두 개의 고풍스러운 분수가 있고 잔디밭에는 연인과 아이들이 한가로운 오후를 보내고 있었다. 보쥬 광장의 남서쪽 건물이 대문호 빅토르 위고가 살았던 집이다. 빅토르 위고는 건물의 2층에 살았고 지금은 그의 박물관으로 이용되고 있다.

마레 지구에는 산책한 길 외에 많은 골목길이 있어서 어디를 가도 좋을 것이다. 대부분의 건물들은 프랑스 혁명 때 큰 피해를 입지 않아 옛 모습을 잘 간직하고 있고 골목마다 새로 생겨난 부티크나 갤러리들은 발걸음을 자꾸 멈추게 한다.

보쥬 광장

빅토르 위고의 집

III. 즐거운 파리

에펠탑에서
번지 점프를

살아남으려면 튀어라!

살다 보면 일이 잘 풀리지 않는 경우가 있다. 요즘같이 '불경기, 불경기'라고 떠들어대는 시기에는 더욱 그렇다. 파리에도 엄연히 경쟁에서 뒤처진 노숙자들이 있다. 비극적인 일이지만 사회의 험난한 경쟁에서 밀려 죽음을 결심하고 다리 위로 가는 사람들이 있다. 한 점의 낙엽처럼 다리에서 몸을 던지면 살아남는 일은 드물다. 다리에서 뛰어내릴 생각을 했다면 먼저 번지 점프를 해 보는 것은 어떨까. 세상과 당당히 맞서는 심정으로 번지 점프대에 올라 죽기를 각오하고 몸을 던져 보는 것이다.

번지 점프대에서 떨어지는 순간은 죽음으로 가는 중간쯤 될지 모른다. 죽기를 각오한 사람이 다리에서 뛰어내리듯, 발목에 묶인 줄이 없다면 그대로 생을 마감할 수 있다. 하지만 번지 점프는 지면과 맞닿기 전에 발목에 묶인 고무줄이 사람의 몸을 획~ 하고 낚아채 "휴~ 살았다" 하는 탄성이 절로 나오게 한다. 일이 잘 풀리지 않더라도 번지 점프대에 선 것처럼 죽기를 각오하고 뛸 결심이 있다면 해결하지 못할 일이 없을 것이다.

건축가 에펠이 1889년 파리 세계 박람회를 기념해 만든 에펠탑은 당최 고풍스러운 파리의 도시 경관과 맞지 않는다고 애초부터 거센 저항에 휩싸였다. 더구나 파리는 거의 평지여서 불쑥 솟은 에펠탑의 모습은 파리의 어디를 가도 확연히 눈에 띄었다. 에펠탑은 모난 돌이었다. 파리 세계 박람회가 끝나면 정에 맞아 쪼아질 운명이었다. 하지만 아직까지 남아 있는 것을 보니 에펠탑은 억세게 운이 좋은 모양이다. 에펠탑을 보는 가장 좋은 위치는 세느 강 건너의 샤이요 궁이다. 샤이요 궁에서는 에펠탑 전체가 한눈에 보일 뿐만 아니라 약간 언덕에 있어 사진을 찍기에도 좋다. 에펠탑은 가까이 가면 갈수록 점점 형체를 알아볼 수 없게 된다. 처음에는 전체가 보이던 것이 조금 가면 중간까지, 더 가면 거대한 4개의 기둥만 보인다. 에펠탑을 보는 것은 사람을 보는 것과 같은 이치이다. 사람을 볼 때 일정 거리에서 객관적인 전체를 봐야지 너무 가까이 가면 주관적인 단면만 보는 수가 있다.

에펠탑에서 번지 점프를

　　에펠탑 아래에서 위를 올려다보면 멀리서 보던 것과 달리 더 크고 높게 느껴진다. 이런 에펠탑에서 번지 점프를 한 사람이 있었다. 어떤 사람이기에 에펠탑에서 뛰어내린 걸까. 죽기를 각오한 것일까. 1987년에 뉴질랜드에서 온 AJ 해킷이라는 자가 난데없이 110m의 에펠탑에서 발목을 고무줄로 묶고 땅으로 뛰어내렸다. 정확히는 첫 전망대에서 뛰어내렸으니 40~50m 정도의 높이였다. 해킷은 단숨에 전 세계의 주목을 받았다. 번지 점프는 한낱 파푸아뉴기니의 원시 부족이 발목에 나무덩굴을 감고 높은 나무에 올라 뛰어내렸던 성인식에 불과했으나 이 일로 인해 인기 있는 극한 스포츠가 되었다. 파푸아뉴기니의 성인식에서 아이들은 번지 점프를 하지 못하면 성인이 되지 못했고 심지어 발목에 맨 나무덩굴이 풀려 죽는 사례도 있었다고 한다. 그럼에도 성인식 전통으로 남은 데에는 두려움을 이겨야 비로소 성인이 된다는 의미가 숨어 있다. 해킷은 고향인 뉴질랜드 남 섬의 퀸즈타운으로 돌아와 폐광산이 있던 키와라우 계곡의 다리에 최초의 대중적인 번지 점프대를 열었다. 해킷의 번지 점프대는 도전을 즐기려는 사람들이 몰리면서 큰 성공을 거두었다.

　　해킷이 에펠탑에서 번지 점프를 하기 전에도 이미 번지 점프 해프닝은 있었다. 1979년에 영국 옥스퍼드대학교 학생들이 미국 샌프란시스코의 금문교에서 번지 점프를 했으나 큰 화제가 되지는 못했다.

　　혼자 죽으려고 튀는 방법은 한강 다리에서 뛰는 것이

고, 살려고 제대로 튀는 방법이 에펠탑에서 뛰는 것이다. 한국에는 해킷과 같이 살려고 제대로 튄 낸시 랭이 있다. 당시 무명의 낸시 랭은 베니스 비엔날레에 자신의 작품이 초청받지 못하자, 베니스로 날아가 죽기를 각오하고 튀는 행위 예술을 벌였다. 란제리만 입은 채 분장을 하고 비엔날레에 초청받지 못한 한을 마음껏 풀어낸 그녀. 이런 퍼포먼스는 한국뿐 아니라 세계에 그녀를 알리는 계기가 되었다. 어떤 사람들은 낸시 랭이 실력은 없으면서 튀려고만 한다는 얘기를 하기도 한다. 하지만 당장 한국의 팝아티스트 이름을 대보라고 하면 백남준과 낸시 랭의 이름이 가장 빨리 나오니 그 정도면 된 것 아닐까. 앤디 워홀이나 〈행복한 눈물〉의 리히텐슈테인은 알아도 누가 한국의 팝아트에 대해 관심이나 있었나. 낸시 랭은 한국에 팝아트가 있다는 것을 알렸다. 그거면 됐다. 그 다음은 낸시 랭이 할 몫이고…….

에펠탑이 살아남은 이유가 바로 파리의 도시 경관에 비해 너무 튀었기 때문이 아닐까. 그냥 철제 기념탑이라고 하기에는 너무 크고 견고하게 만들었고 모양 또한 전통적인 탑과는 거리가 멀었다. 결국 에펠탑의 경우 심하게 튀어서 살아남았다. 아니면 처음부터 살려고 튄 것일 수도 있다. 사람도 마찬가지가 아닐까. 아무리 힘든 일이 있어도 살려고 튄다면 틀림없이 살아갈 방법이 생길 것이다. 누군가는 "공부가 가장 쉬웠어요." 하고 사람들 맥 빠지게 공부로 튀는 사람이 있는가 하면, 어떤 이는 〈태양을 피하는 방법〉이란 노래를 부르며 하루에 3~4시간밖에 안 자고 연습한 뛰어난 노래와 춤으로 튀는 사람도 있다. 무엇으로 튈 것인가는 각자의 선택에 달렸고 그것이 과연 살려고 튀는 것인지, 제멋에 튀는 것인지는 나중에 사람들이 평가해 줄 것이다.

포럼 데 알(Forum Des Halles)에는 옛 중앙시장이 있다. 포럼 데 알의 중앙시장은 1110년경부터 있었다고 하니 역사가 짧지 않다. 파리 최초의 시장은 시테 섬에 있는 노천시장이고 두 번째가 파리 시청 광장에 있던 시장이라고 한다. 시테 섬의 노천시장은 꽃 시장과 새 시장뿐으로 규모가 많이 축소되었고, 파리 시청 광장에 있던 시장은 흔적도 없이 사라져 버렸다. 포럼 데 알의 중앙시장은 1969년에 룽기 지역으로 옮겨졌다. 1979년에 중앙시장 자리에 유리와 스테인리스로 둘러싼 포럼 데 알 쇼핑센터가 문을 열었다. 프낙 백화점 같은 주요 쇼핑몰은 지하에 위치하고 있고 지상 층은 카페, 레스토랑 같은 휴식 공간으로 이용되고 있다.

포럼 데 알을 둘러보니 다른 백화점이나 쇼핑센터와 다르지 않은 또 하나의 쇼핑센터를 왜 이곳에 열어야 했는지는 알지 못하겠다. 파리시는 퐁피두 센

터와 함께 마레 지구의 재개발을 통해 미관 개선, 쇼핑객 유치라는 거창한 목표를 내세웠다. 하지만 현대적 포럼 데 알 쇼핑센터에서의 북적임은 필자로서는 그리 만족스럽지 못했다.

"옛 중앙시장이었으면 더 인간적이고 활기찼을 텐데."

이곳 쇼핑센터 상인들은 '어떻게 하면 물건을 더 팔아볼까?', '명품 숍이니까 아무나 들어오면 안 돼!', '여기 있는 것 중에 싼 건 없거든.' 하는 짜증스러운 표정만 짓고 있는 듯했다.

그나마 포럼 데 알에서 느낀 실망을 포럼 데 알 옆의 생 외스타슈 성당과 명사들의 조각 공원에서 위안받을 수 있었다. 공원에는 스탕달, 조르주 상드의 조각상과 보들레르, 마네스, 쇼팽의 비 등을 볼 수 있다.

뮤지컬 〈오페라의 유령〉의
현장을 찾아서

1860년에 새로 파리 오페라 하우스의 주인이 된 앙드레와 피르맹은 후원자인 라울 백작과 오페라 〈한니발〉을 관람하고 있었다. 이때 갑자기 무대가 무너지는 사고가 발생하고 사람들은 오페라의 유령이 한 짓이라고 수군댔다. 공포에 사로잡힌 프리마돈나 카를로타는 더 이상 견디지 못하고 무대를 떠났다. 이상은 우리에게 익숙해진 뮤지컬 〈오페라의 유령〉의 도입부이다.

〈오페라의 유령〉에 등장하는 파리 오페라 하우스가 지금의 오페라 가르니에이다. 아쉽게도 지금은 발레를 위주로 공연하고 있으나 간혹 오페라가 공연되기도 한다. 오페라는 주로 새로 지어진 오페라 바스티유에서 공연된다. 예전에 오페라 바스티유에서 오페라를 본 적이 있다. 새로 지은 건물이라 시설은 좋아졌는지 몰라도 분위기는 예전 오페라 가르니에를 따라가지 못하는 듯했다. 역시 발레나 오페라 같은 고전 예술은 고풍스러운 극장에서 공연하는 것이 나은 것 같다.

오페라 가르니에는 나폴레옹 3세의 제2제정을 기념하기 위해 건축가 샤를르 가르니에가 설계했다. 건물 정면으로 그리스 신전을 연상케 하는 기둥들이 지붕을 받치고 있고 지붕의 양끝으로 금빛 여신들과 중앙에 하프를 든 여신이 세워져 있다. 오페라 가르니에 안으로 들어가면 모차르트, 하이든 같은 위대한 음악가들의 조각이 있다. 근엄한 음악가의 표정과 달리 조각 뒤의 어릿광대 얼굴은 좀 괴기스럽다. 조각상을 지나 좀 더

안으로 들어가면 영화 〈오페라의 유령〉에서 보았던 것과 같은 유연하게 휘어져 올라간 대리석 계단이 보인다. 대리석 계단을 비추는 삼지창 모양의 촛불 조명 역시 뮤지컬에서 보았던 것과 같다. 뮤지컬에서는 여러 개의 촛불이 무대 바닥에서 솟아올라 환상적인 분위기를 연출했다.

오페라 가르니에의 절정은 2층의 샹들리에 룸이다. 이곳은 파티나 무도회를 위한 룸이 아니었을까 싶다. 룸 안에는 커다란 샹들리에가 두 줄로 늘어서 있고 기둥은 금색으로 칠해져 있으며 천장은 아름다운 프레스코화로 채워져 있다. 여기에 샹들리에의 조명을 켜두는 센스까지 더해져 환한 불빛이 환상적인 분위기를 연출했다. 샹들리에 불빛은 주위의 금빛 기둥과 벽에 반사되어 상들리에 룸 안에 금빛으로 퍼졌다. 베르사유 궁전의 거울의 방과 견주어도 아름다움에서 결코 뒤지지 않는 공간이다.

크리스틴을 사랑한 유령

〈오페라의 유령〉에서 겁을 먹은 프리마돈나의 도주로 얼떨결에 프리마돈나가 된 크리스틴은 공연을 성공리에 마친다. 하지만 공연 후, 크리스틴에게 얼굴의 반을 가면으로 가린 유령이 나타나 그녀를 지하 세계로 데려간다. 크리스틴이 실종되자 오페라하우스는 혼란에 빠지고 유령은 자신의 요구를 들어 주면 크리스틴을 놓아 주겠다고 한다. 하지만 크리스틴이 돌아오자 유령의 요구는 묵살되었다. 그러자 오페라하우스에서는 괴기한 사건이 일어나기 시작한다. 결국 오페라하우스는 문을 닫고 크리스틴은 날마다 유령의 공포에 시달린다. 이런 크리스틴을 위로하던 라울이 크리스틴에게 사랑을 고백하고, 이를 안 팬텀은 사랑과 질투에 눈이 멀어 이들에게 복수하기로 결심한다.

〈오페라의 유령〉의 스토리를 연상하면서 오페라 가르니에를 살펴보면 곳곳에 있는 조각들이 평범해 보이지 않는다. 오페라하우스 내에서 볼 수 있는 벽난로나 한적한 복도, 여러 출입문 등은 지하 세계에 숨어 살며 신출귀몰하게 오페라하우스에 나타나는 유령의 비밀 통로인 것만 같다. 오페라 가르니에는 1층은 일반 좌석이고, 2층부터는 4~5인용의 발코니 좌석으로 되어 있다. 발코니 좌석은 발코니 룸으로 구분이 되어 있어 층마다 여러 개의 방이 있는 셈이다. 방문마다 번호가 적혀 있어 잠시 방을 비웠다 돌아와도 헷갈리지 않도록 되어 있다. 오페라 가르니에에는 계단 외에 오래된 엘리베이터도 있다. 100여 년이 된 건물에 있는 철제 엘리베이터는 끼익~ 기계음을 내며 오르내려 괴기스러운 느낌마저 든다. 계단은 관객들이 주로 이용하는 넓은 계단과 후미진 곳의 스태프용 계단이 따로 있다. 스태프용 계단으로 잘못 출입했다가는 길을 잃을지도 모를 일이다. 〈오페라의 유령〉에서 유령은 이런 스태프용 계단을 통해 극장 곳곳에 나타날 수 있었으리라.

오페라 가르니에의 천장에는 샤갈의 그림이 있다. 현재는 원본을 보존하기 위해 복사본 그림이 덧붙여져 있다고 한다. 천장에 매달려 있는 샹들리에는 오페라 가르니에 건물에 비해 비정상적으로 크다는 느낌이 든다. 샹들리에는 아름답지만 너무 무거워서 금방이라도 밑으로 떨어질 것만 같다. 실제 〈오페라의 유령〉에서는 유령의 복수로 샹들리에가 객석으로 떨어지는 장면이 나오기도 한다.

〈오페라의 유령〉은 원래 1910년 프랑스의 추리 작가인 가스통 르루의 소설을 바탕으로 한 것이다. 오페라 가르니에에서 벌어지는 괴기한 사건을 다룬 것으로 애초에 해피엔딩은 기대할 수 없다. 뮤지컬은 크리스틴을 사랑한 유령이 그녀를 위해 희생하고 어디론가 사라지는 것으로 막을 내 린다. 결국 유령의 사랑은 짝사랑으로 끝이 났다. 〈오페라의 유령〉의 스토리가 아니더라도 짝사랑을 하는 사람은 유령과 같은 존재가 아닐까 싶다. 사랑하는 사람 앞에 나타나든 나타나지 않든 그를 알아주지 않으니 말이다. 그래서 짝사랑은 슬프다.

〈노인과 바다〉, 〈누구를 위해 종은 울리는가〉, 〈무기여, 잘 있거라〉 등의 작품을 쓴 헤밍웨이가 한동안 파리에서 지낸 적이 있다. 미국 시카고 출신인 그가 왜 파리에 오게 되었을까. 헤밍웨이는 제2차 세계대전 직후인 1921년 토론토 스타지의 유럽 특파원으로 파리에 왔다. 그는 파리에서 G.스타인, E.파운드 등과 어울리며 훗날 그의 소설의 기틀을 삼았다. 그가 사람들을 자주 만났던 곳이 바로 영어 서점인 '셰익스피어 앤 코'이다. 셰익스피어 앤 코에는 2층의 게스트 룸이 있어 작가들이 서로 만날 수 있었다. 지금도 이곳의 2층에 올라가 보면 창가 방에 작은 테이블과 소파가 놓인 것을 볼 수 있다.

헤밍웨이는 1922년~1923년까지 파리의 라탱 지역에서 살았다. 그의 집에 가기 위해서는 지하철 7호선을 타고 플레이스 몽지 역에 내려 므푸타르 거리로

가야 한다. 므푸타르 거리는 조지 오웰이 한동안 살았던 곳이기도 하다. 조지 오웰은 1928년에 파리에 있었고, 헤밍웨이는 1928년에 파리를 떠났다. 어쩌면 라탱의 어느 카페에서 둘이 만났을지도 모를 일이다.

헤밍웨이가 살던 집은 조지 오웰이 살던 집에서 라탱 쪽으로 좀 더 내려가야 한다. 길가 카르디날 르모안느 74번지가 헤밍웨이가 살던 집이다. 파란색 대문 위에는 그가 한동안 이곳에서 살았다는 명패가 붙어 있다. 그는 총 7년간의 파리 생활을 마치고 1928년에 미국으로 귀국했다. 후에, 그의 파리 생활은 〈파리에서의 7년〉이라는 책으로 소개되었다. 이 책에는 파리 생 미셸의 카페부터 세느 강의 사람들, 셰익스피어 앤 코, 돔 카페 등에 관한 이야기가 나온다. 헤밍웨이가 느꼈던 파리는 어떤 느낌이었을까.

오래된
지하 재즈바에서

CAVEAU
de la HUCHETTE
Pearl
MUSIC GALLERY
ORGEVAL · DREUX · EVREUX

밤이면 밤마다

어느 해 가을, 나는 파리에 있었다. 개선문 근처의 한인 민박에 묵었고 그곳에서 한 여성을 만났다. 나는 매일 파리의 이곳저곳을 구경하러 다녔고 그녀도 매일 어디론가 나갔다가 밤에 돌아오곤 했다. 우리는 자주 식탁에서 보며 서로의 얼굴을 익혔다. 원래 한인 민박에서는 아침만 주었으나 나같이 넉살 좋게 들이대는 사람이나 그녀 같은 장기 투숙자에게는 저녁까지 제공했다. 그녀와 자연스레 밥을 같이 먹으며 이런저런 이야기를 하게 되었다. 그녀는 유학생이었다. 파리로 피아노 유학을 왔다고 했다. 그것도 국비 유학이란다. 그녀는 곧 하숙방을 구해 나갈 예정이라며 한인 민박 생활을 지겨워했다. 사실 그녀와 같은 특수 상황인 사람을 빼면 나머지는 모두 여행을 온 사람들이어서 매일매일 듣는 여행 이야기가 썩 듣기 좋은 것은 아니었을 것이다. 더구나 그녀는 유학을 와 학교에 적응하고 하숙방을 구하러 다니느라 아직 파리 관광도 못했다고 했다. 그녀는 벌써 힘들어 하고 있었다.

"오래된 재즈바가 있는데 같이 갈래요?"

"재즈요?"

"클래식 공부해서 재즈는 싫어요? 난 재즈 피아노 연주 좋던데."

"뭐……, 그런 건 아니고."

우리는 지하철 1호선을 타고 샤틀레 역에서 지하철 4호선으로 갈아탔다. 생 미셸 역에 내려 재즈바인 르 카브 데 라 유셰트(Le Caveau de la Huchette)로 향했다. 유셰트는 프랑스 혁명 당시 고문실로 쓰였던 중세의 지하실이다. 그래

서인지 음산한 기분이 드는 공간이다. 고문으로 죽은 귀신이라도 볼 것만 같다. 묘하게 음악이 있는 곳에는 귀신과 관련이 있는 경우가 많다. 이곳도 마찬가지다. 고문실에 재즈바라니. 고문을 당해 신음 소리를 내던 곳에서 이제는 흥겨운 풍악을 울리는 격이다. 어쨌든 유셰트는 이름난 재즈 연주자들이 거쳐 갈 정도로 파리에서는 재즈의 고향으로 알려진 곳이다.

파리의 재즈바에는 입장료가 있다. 다행히 그녀는 학생이어서 학생증으로 할인을 받을 수 있었다. 유셰트의 1층은 바였고, 지하층에서 재즈를 연주했다. 1층의 바에서는 지하층에 설치된 CCTV를 통해 지하층에 내려가지 않고도 재즈 연주를 감상할 수 있다. 지하층에는 초저녁에는 손님이 많지 않으나 플로어에는 춤을 추는 커플들이 있었다. 유셰트는 다른 재즈바와 달리 재즈에 맞춰 춤을 즐길 수 있는 곳으로 유명하다. 그녀가 술을 마시지 못한다고 해서 1층 바에서 얼음 든 콜라를 들고 지하층으로 내려갔다. 다른 사람들은 맥주나 와인을 마시며 재즈를 관람했다. 어떤 재즈바는 재즈 공연을 본다고 비싼 음료를 강권하는 경우가 있어 공연도 보기 전에 기분을 상하게 하기도 하는데, 차라리 이곳처럼 입장료를 받는 것이 속 편하다.

재즈바람, 춤바람이 분다

시간이 흐르자 어느덧 객석이 가득 찼다. 객석이라야 동굴 같은 지하실에 긴 의자나 작은 나무의자가 전부여서 가족 같은 분위기에서 재즈를 즐길 수 있다. 지하층 어디에 앉든 재즈를 연주하는 무대가 바로 코앞이어서 재즈 연주가 더욱 실감난다. 재즈 밴드가 신나는 곡을 연주하자, 춤을 추는 커플들이 많아졌고 춤 동작도 빨라졌다. 커플들은 재즈에 맞춰 춤을 추며 땀을 뻘뻘 흘리면서도 다음 곡이 나오면 어김없이 플로어로 나간다. 그들의 체력이 참 대단하게 느껴진다. 춤으로 단련된 사람들이리라……. 춤추는 사람들은 저마다 한껏 멋을 부렸다. 남자들은 머리에 무스를 바랐고 칼같이 다려 입은 바지에 흰 와이셔츠 차림이었다. 여자들은 빨간 하이힐에 팔랑이는 주름치마로 시선을 끌었다. 하도 열광적으로 춤을 추어서인지 평일 저녁이 맞는지 의심스러울 지경이었다.

재즈에 맞춰 춤을 추는 사람들의 표정을 보면 거의 무아지경으로 해탈의 경지에 이른 듯하다. 이 순간은 돈, 명예, 권력, 사랑 같은 것도 필요 없다. 지금 그들에게 필요한 것은 마음이 맞는 춤 상대뿐이었다. 간혹 나이트클럽에서도 부킹보다는 거울을 보고 춤을 추러 오는 춤 마니아를 볼 수 있는데 재즈바의 커플들이 그랬다. 춤추는 분홍 신을 신은 춤 마니아들이다. 춤추는 커플은 마치 한 사람인듯 붙고 떨어지기를 자유자재로 하고 있었다. 여자는 남자 파트너에게 몸을 맡긴 채 몸을 돌리고 또 돌렸다.

춤에 몰입해 있는 커플들을 보니, 어떤 일을 할 때 이들처럼 모든 것을 맡겨 보는 것도 좋을 것 같았다. 온전히 자기 자신을 어떤 것에 맡겨 본 사람은 많지 않을 것이다. 그녀가 유학을 잘 마칠 수 있을까 하는 우려 역시 아직 유학에 자기 자신을 다 맡기지 못했기 때문이 아닐까. 어떤 것에 자기 자신을 다 맡기지 못하는 데에는 불신이 밑바탕에 깔려 있다. 재즈바에서는 같이 춤추는 상대나 자신을 믿지 못하면 멋진 커플 춤이 나올 수 없다. 마찬가지로 그녀가 파리의 학교와 교수, 자기 자신을 믿지 못하면 유학 생활을 잘할 수 없으리라. 믿고 몰입할 때 좋은 결과를 바랄 수 있지 않을까. 모든 일에 자신을 한번 맡겨 보지 않고 불평하는 것은 옳지 않은 일이다. 믿고 자신을 맡긴다는 것은 승부를 건다는 의미이다. 한 번 시작했으면 승부를 보는 것이 시작하지도 않고 불평하는 것보다 백배 낫다. 그녀도 한 번 시작했으니 자신을 믿고 유학 생활을 잘 해나갈 수 있으리라.

어느덧 시계는 새벽 2시를 가리키고 있었다. 재즈는 여전히 흥겹게 연주되고 있고 플로어에서도 춤바람이 사그라지지 않았다. 하지만 우리는 내일을 위해 재즈바를 나와야 했다. 지하철은 벌써 끊겼고 택시를 타기에는 우리 둘 다 가난했다. 생 미셸에서 개선문까지 걸어가기로 했다. 라탱에서 다리를 건너 시테 섬의 노트르담 성당을 거쳐 퐁네프 다리를 건너고 루브르 박물관, 튈르리 공원을 지나 샹젤리제 거리를 걸었다. 간혹 노숙자나 술에 취한 행인이 있어 무서웠지만 그녀가 있

CAVEAU
de la HUCHETTE
Jazz
Live-
Music
Dancing
jazz hot
La revue internationale du jazz

어서 무서운 표정을 지을 순 없었다. 그럴 때마다 나는 단지 그녀의 손을 꽉~ 잡고 빨리 가자고 길을 재촉할 뿐이었다. 그 후 밤이면 밤마다 재즈바로의 여행이 삼사 일 계속되었다. 내가 서울행 비행기를 타지 않았다면 좀 더 계속되었을지도 모른다. 재즈바는 여행에 지친 나에게, 파리에 적응하려는 그녀에게 작은 활력이 되었기 때문이다. 파리에서의 마지막 날, 그녀는 나에게 연락처를 가르쳐 달라고 했다.

"에이 뭘……, 여행 중에 만났는데."

"편지할게, 알려줘요."

"곧 잊어버릴 거예요. 공부에 방해될지도 모르고."

"……."

그녀는 더 이상 내 연락처를 달라는 말을 하지 않았다. 지금 생각하면 '왜 그랬을까' 하는 생각이 들기도 한다. 연락처를 주고 편지가 오면 드문드문 즐겁게 답장을 쓰면서 자연스레 멀어질 수 있었는데. 그녀에게 혹시 상처를 준 것 같아 미안했다. 그렇다고 그녀가 싫었던 것은 아니다. 단지, 서울과 파리 간의 인연이 너무 멀어 보였을 뿐이었다.

　어느 해, 외국 친구들과 유럽을 여행하고 헤어지는 마지막 날 저녁이었다. 우리는 바토 무슈라고 하는 세느 강 유람선을 탔다. 외국 친구들은 배에 오르기 전에 미리 샴페인과 와인을 챙겨 왔다. 유람선이 알마 다리 선착장을 출발하자마자 외국 친구들은 병나발을 불기 시작했다. 나는 멀리 조명이 들어온 에펠탑을 바라보았다. 이 여행을 통해 난 무엇을 얻었을까. 삶을 즐기고 여유를 갖는 방법을 배웠나. 외국인 친구들은 술에 취해 기념사진을 찍고 소리를 지르고 파리의 야경을 즐겼다. 술에 취한 외국 친구들은 어찌 보면 그 순간에는 구제 불능같이 보이지만 나중에 전혀 다른 사람으로 성장하는 게 신기하기만 하다. 라인 강의 로렐라이 언덕에서 로렐라이를 모르고, 파리에서 마리 앙투아네트를 몰라도 이들은 사회인이 되면 우리보다 업무 생산성이 몇 배 높다는 얘기를 듣게 되니 말이다. 하지만 그 비법은 간단해 보였다.

‘놀 때 놀고 일할 때 일하고’, ‘꼭 필요한 것만 열심히’ 우리는 놀 때 못 놀고 일할 때 최선을 다하지 못하는 것은 아닐까. 쓰지도 않는 것까지 백화점식으로 알려고 했지, 한 가지도 제대로 열심히 한 것이 없는 것은 아닐까.

밤의 파리는 낮보다 아름답다. 더구나 알코올까지 들어간 상태라면 뭔들 아름답지 않았겠냐만 그날 파리의 밤은 오래도록 기억될 듯하다. 유람선은 시테 섬을 지나 생 루이 섬 아래서 유턴해 다시 알마 다리 선착장으로 돌아갔다. 외국 친구들은 샴페인이 다 떨어졌는지 조용했다. 삼삼오오 짝을 지어 이야기를 하거나 홀로 파리의 야경을 즐기는 친구도 있다. 내일이면 뉴질랜드로, 호주로, 미국으로, 한국으로 각자의 행선지로 돌아간다. 이별을 하기에 밤의 유람선만큼 어울리는 것이 없으리라.

“안녕, 친구들아!”

퐁네프의
연인들

파르동, 아무르

파리에서 흔히 듣는 말 중 하나가 파르동(Pardon)이다. 파르동은 영어 발음으로 하면 '파든'으로 '실례합니다' 정도의 뜻이다. 고상한 사람들은 '실례합니다'를 '엑스뀌제 므와'라고 하기도 한다. '아무르(Amour)'는 '사랑'이고 '사랑해'는 '쥬 땜므' 하면 된다. '파르동, 아무르' 하면 '실례합니다, 사랑씨' 정도 되겠다.

외국인 친구들과 여행을 한 적이 있었다. 여행길에 한국 사람은 나와 한 여자뿐이어서 좋든 싫든 우리는 많은 이야기를 나눴고 같이 다닐 기회도 잦았다. 그렇다고 다른 외국인 친구들과 어울리지 않은 것은 아니었다. 며칠 후 한 외국인 친구가 나에게 물었다.

"너, 재 사랑하지?"

"……."

"다 알아, 그녀를 사랑하잖아?"

"뭐, 우린 그냥 친구야."

외국인 친구들의 눈에는 매일 많은 시간을 함께 보낸 우리가 서로 사랑하는 것으로 보였나 보다. 물론 그녀에게 호감이 있었지만 아직 좋아한다거나 사랑한다고 할 건 아니었다. 더구나 그녀에게는 남자 친구가 있었다. 유럽을 한 바퀴 돌고 파리에서 그녀와 헤어지게 되었다. 그녀는 어학연수를 하던 런던으로 돌아간다고 했다.

"급히 한국으로 돌아갈 일 없으면 런던에 같이 가요."

"글쎄, 파리에 며칠 더 머무는 건 어때요?"

그녀는 파리에 더 머물면 런던 가는 여비가 추가로 든다며 런던으로 가야 한다고 했다. 그녀에게 런던은 원래 여행의 시작점이자 종착점이었다. 그녀는 무슨 생각으로 런던에 같이 가자고 한 것일까. 여행길에 만난 사이여서 부담이 없어서였을까. 나는 그녀에게 뭣 때문에 파리에 며칠 머물라고 했었지. 혹시 그게 사랑이었을까. 그녀는 예정대로 런던으로 갔고 나는 파리에 남았다. 그녀에게 그것이 사랑이었는지 말하지도 묻지도 못 했다. 참 바보 같다는 생각이 들었다. 사랑이 올 때마다 나는 '실례합니다, 사랑 씨'라고 물어봐야 하니 말이다. 뺨을 맞더라도 '쥬 뗌므(사랑해)' 하면 마음에 남는 것이 없을 텐데……

조건 없는 사랑

루브르 박물관에서 시테 섬으로 가는 길에 놓인 다리가 바로 퐁네프(Pont Neuf)이다. 퐁네프는 '새로운 다리'라는 뜻이지만 현재 세느 강에서 가장 오래된 다리(1607년)이다. 지금은 퐁네프 다리가 별 특징이 없는 평범한 다리 같아도 당시에는 다리 위에 상가나 집 없이 돌로 포장된 유일한 다리였다. 당시의 일반적인 다리는 피렌체의 베키오 다리처럼 다리 위에 상가나 집이 있는 형태였다고 한다. 주상복합 다리에서 주행 위주의 다리로 바뀌었다고 할까.

퐁네프 다리 난간에는 반원의 석조 의자가 있다. 그곳은 영화 〈퐁네프의 연인들〉에서 주인공들이 머물던 곳으로 나온다. 레오 까락스 감독의 〈퐁네프의 연인들〉은 화가였으나 시력을 잃고 자포자기 상태로 퐁네프 다리에서 살아가는 미셸(줄리아 비노쉬)과 곡예사 알렉스(드니 라방) 간의 사랑을 다루고 있다. 이 영화는 맞선 시장뿐만 아니라 인터넷 급만남에서도 '조건'을 따지는 세태에서 조건 없이 사랑할 수 있을까를 되묻게 했다. 한 후배는 요즘 소개팅에서 "차 있어?"라는 질문을 자주 받는다며 쓸쓸해한 적이 있었다. 당장 "차 없다"고 하면 그 자리에서 끝인 것이다. 아버지 차라도 내 차인 양 "차 있어"라고 해야 다음 대화가 이어질 수 있단다. 차 다음에는 직업과 집안의 경제 사정으로 호구 조사에 들어가는 것은 상식적인 얘기다. 대답이 시원지 않을 경우에는 점점 그녀의 귀가 시간이 빨라지고 없던 급약속이 생기기까지 한다. 남자 역시 별 할 말은 없다. 첫 번째이자 마지막으로 원하는 것이, 인조 미인이라도 좋으니 그녀의 외모만 예쁘면 모든 게 용서되니 말이다. 남자 중에는 소개팅의 그녀가 밸런트나 가

수 누구쯤은 닮아야 입이 떨어진다는 사람도 있다. 차를 찾는 것이나 미모를 원하는 것이나 모두 오십보 백보다. 내 사랑을 돌이켜 보면 그 사람을 사랑했는지, 그 사람의 조건을 사랑했는지 반성하게 된다. 나는 정말 사랑을 했던 것일까.

미셸은 실명하기 전에 좋아했던 줄리앙이 눈에 밟혔다. 알렉스가 조건 없이 거리의 노숙자가 된 자기를 사랑한다 해도 지난 사랑의 상처까지 아물게 하진 못했다. 줄리앙의 조건이 알렉스의 조건보다 나았던 것일까. 줄리앙의 사랑이 알렉스의 사랑보다 깊었던 것일까. 미셸은 실명을 치료할 수 있는 신약 소식을 듣자 가족에게 돌아가고, 순정을 바친 알렉스는 실연의 괴로움에 난동을 부리다 감옥에 간다. 3년 후, 미셸과 알렉스는 퐁네프 다리에서 재회하지만, 이들은 다시 조건 없는 사랑을 할 수 있을까.

〈레미제라블〉, 〈노트르담 드 파리〉 같은 명작을 남긴 빅토르 위고의 집은 행정 구역상 4구인 보쥬 광장에 있다. 빅토르 위고의 집으로 가기 위해서는 지하철 1호선을 타고 생 폴 역에 내린다. 생 폴 역에서 쉴리 저택을 지나 북쪽으로 올라가면 사각형의 보쥬 광장이 나온다. 보쥬 광장을 둘러싸고 있는 건물들은 프랑스 혁명 이전부터 있었던 것으로 붉은 벽돌이 눈에 띈다. 보쥬 광장은 작은 공원으로 남쪽과 북쪽에 분수대가 있고 주위에는 플라타너스 나무들이 심겨 있다.

빅토르 위고의 집은 보쥬 광장의 남동쪽 모서리에 있다. 6번지가 그의 집인데 1903년부터 박물관으로 쓰이고 있다. 건물 밖에 프랑스 국기가 걸려 있다. 빅토르 위고는 1832년~1848년까지 이 건물 2층에서 살았다. 그는 〈노트르담 드 파리〉(1831년)의 집필을 마치고 이 집으로 이사를 왔다. 그 후 1851년에 나

폴레옹 3세가 쿠데타로 제2제정을 시작하자 그는 이에 반대하며 외국으로 망명을 떠났다. 부와 명예를 가진 대작가로서 권력에 싫은 소리하지 않고 살아갈 수 있었지만 이 일로 그는 모든 것을 버려야 했다. 그리고 망명 후, 무려 20여 년이 지나서야 파리로 돌아올 수 있었다. 파리 시민들은 돌아온 그를 열렬히 환영했다. 하지만 그것도 잠시, 파리코뮌이 조직되자 그는 다시 벨기에로 떠나야 했다. 아이러니하게도 빅토르 위고는 나폴레옹 3세와 부르주아(유산 계급) 세력을 피해 망명길에 올랐으나 프롤레타리아(무산 계급)가 득세한 파리코뮌에서도 떠나야 했다. 대체 어느 편을 들라는 건지.

망명 시기에 그의 대표작 〈레미제라블(1862)〉이 탄생했다. 1885년에 그가 사망하자 국장으로 장례가 치러졌고 그의 유해는 팡테옹에 묻혔다.

소르본 대학과
라탱 거리의 열정

파리 대학일까, 소르본 대학일까

한때 우스갯소리로 서울 소재의 대학을 모두 '서울 대학교'라고 한 적이 있다. 실제로 서울 대학교로의 편중 현상 때문에 전국 대학을 모두 서울 1, 2, 3, 4…… 대학교로 부르자는 웃지 못할 주장까지 있었다. 하지만 파리에서는 그 농담이 현실이 되었다. 파리의 모든 대학은 통합, 해체되어 파리 1, 2, 3, 4…… 대학으로 불린다. 1215년에 설립된 프랑스에서 가장 오래된 소르본 대학마저 소르본이라는 이름 대신 파리 4대학이 되었다. 소르본이라는 명칭은 13세기 로베르 드 소르본 신부가 신학생을 위해 세운 기숙사 겸 연구소인 소르본 학사의 이름을 딴 것이다. 당시 소르본 대학은 신학으로 유명했다고 한다. 이후 소르본은 신학을 비롯한 문과 대학으로 자리 잡았다. 지금은 소르본 대학이 파리 4대학이 되었지만 아직도 파리 사람들은 소르본 대학으로 부르길 더 좋아한다.

소르본 대학으로 가기 위해서는 지하철 10호선을 타고 클뤼니 라 소르본 역에 내린다. 소르본 대학 앞 지하철역이면 소르본 역이 되어야 할 텐데 클뤼니는 뭘까? 클뤼니라는 이름은 소르본 대학으로 올라가는 길에 있는 국립 중세 박물관과 관련이 있다. 현재 국립 중세 박물관 건물이 15세기 클뤼니 대수도원장이 살았던 오텔 드 클뤼니였다. 클뤼니라는 대수도원장이 소르본 대학 못지않은 명성을 가지고 있었나 보다.

소르본 대학 건물은 'ㅁ' 자 형태로 되어 있다. 학교 앞에는 커다란 대학 정문이나 대학 이름을 쓴 간판도 보이지 않는다. 단지 입구에는 4대학이라는 것도 뺀 채, '파리 대학'이라고만 적혀 있다. 소르본 대학의 유명세에 비하면 참 소박한 대학 정문이다. 대학 입구에서는 경비원이 학생 외 외부인들의 입장을 막고 있어 아쉽다. 하지만 운동장도 없는 소르본 대학 건물은 그리 크지 않아 학생 외에 외부인까지 들락거리면 복잡할 것 같기는 하다. 일반인의 출입을 막으니 학생들의 입장에서는 공부만 전념할 수 있는 분위기가 되어 좋을 것이다. 한국에서 규모가 있는 대학이라면 어디나 있는 노천극장이나 운동장 같은 것도 파리의 대학에서는 상상할 수 없다. 더구나 소르본 대학 주위에는 유흥가가 없어 지나가는 사람인 내가 오히려 안심할 정도이다. 서울 대학가의 번잡함은 학구적인 분위기와는 거리가 멀다. 그러면서 나 또한 대학가 앞에서 술 약속을 잡게 되는 것은 어쩔 수 없는 일이지만…….

소르본 대학에서 좀 더 남쪽으로 내려가면 팡테옹 부근에 법학, 역사학, 철학의 파리 1대학과 법학, 경제학, 정치학의 파리 2대학이 있다. 이곳도 그다지 사람들로 붐비지 않아 조용한 대학가라는 느낌이 든다. 팡테옹에 관광객들이 오긴 해도 에펠탑이나 퐁피두 센터 같은 정도는 아니다. 파리 1, 2대학 옆에는 뤽상부르 공원이 있어 공부하다가 머리가 아프면 책을 들고 공원으로 나가도 좋을 것 같다.

파리의 대학로, 라탱

  시테 섬 남쪽 지역을 흔히 라탱이라 부르는데 정확한 명칭은 라탱 쿼터이다. 라탱 지구는 소르본 대학을 보고 내려가도 되고, 생 미셸 역에 내리면 바로 라탱 중심부로 연결된다. 생 미셸 역은 거리 음악가들이 즐겨 찾는 명당이기도 한데 필자가 찾은 날에는 남미에서 온 잉카 밴드의 공연을 몇 번이나 볼 수 있었다. 거리 예술가들은 목 좋은 곳을 찾아다니기 때문에 생 미셸 역처럼 관광객이 많이 오는 장소는 서로 차지하려고 경쟁하는 듯하다. 한 번 봤던 흑인 싱어는 경생에 밀렸는지 두 번 다시 볼 수 없었다.

  라탱 지구에는 세계 각국의 요리점이 몰려 있어 먹자 거리로 불린다. 이곳에서 눈에 띄는 것은 프랑스 요리점과 커다란 양꼬치가 매달려 있는 터키·중동계 요리점, 물고기 요리를 내세운 그리스 요리점, 어디나 빠지지 않는 중국 요리점, 점잖은 간판을 내건 일본 요리점 등이 다양하게 섞여 있는 것이다. 라탱 지구의 식당가 거리에 가니 멕시코 요리점 주인은 커다란 멕시코 모자를 쓰

MYTHOS
N 12
RESTAURANT
FRANCAIS
Demi-Lune
DEMI LUNE
MENU A 16€
MENU A 19€
PLATS - MAIN COURSES
DESSERTS - DESSERTS
N° 5 SPECIALITES
ENTRÉES - STARTERS
LES PETITES
15€
RESTAURANT
4.50
DÉLICES HARPE
FALAFEL

고 손님을 부르고, 그리스 요리점 주인은 바닥에 접시를 깨트리며 흥을 돋우고 있었다. 접시를 깨트리는 이유는 잡귀를 물리치고 깨진 접시 조각이 퍼지듯 손님이 몰려오기를 기원하는 것이란다. 거리에 내놓은 메뉴판에는 여러 가지 요리를 싼 값에 제공한다고 광고하고 있다. 케밥 세트나 생선 꼬치 세트는 라탱의 인기 메뉴 중 하나이다. 밀가루 빵인 로띠에 양고기와 채소, 감자튀김을 듬뿍 넣어 주는 케밥은 이제 세계인의 메뉴가 되었다. 생선과 채소, 감자 등을 꽂은 꼬치 세트는 시큼한 그리스식 샐러드와 함께 식욕을 돋운다. 이 밖에 아기 통돼지 바비큐나 소 넓적다리구이, 닭 로스구이 등이 지나가는 사람들의 시각과 후각을 자극한다. 침이 절로 넘어간다. "꿀꺽"

그에 비하면 라탱 지구의 한편에 있는 중국 요리와 일본 요리는 그다지 사람들이 붐비지는 않으나 꾸준한 인기를 끌고 있다. 세계의 요리가 된 케밥이나 그리스 요리에 비하면, 중국 요리나 일본 요리는 마니아의 요리라 할 수 있다.

라탱 지구의 레스토랑에서는 요리뿐만 아니라 레스토랑 안에서 피아노를 연주하기도 하고 음악을 틀어 놓고 춤을 출 수 있게 하는 등 각자 독특한 분위기를 낸다. 어느 레스토랑에서는 꽃미남을 가게 앞에 내세워 손님을 끌었다. 미인계가 아닌 레스토랑계의 꽃미남이라고나 할까. 그 가게의 모토는 매일 밤 '꽃미남과의 파티'이다. 이에 질세라 앞 가게에서는 남미의 꽃미녀를 내세워 삼바축제 같은 유혹의 밤을 떠올리게 했다. 어느 가게든 오늘 밤은 맛과 재미를 책임지겠다는 강한 의지가 엿보였다. 라탱 지구는 저녁부터 새벽까지 먹고 마시는 사람들로 복잡하지만 세계 각국의 요리를 맛볼 수 있는 흥겨운 놀이터이다.

파리의 하수구 박물관을 구경한 날이었다. 세느 강 남쪽에 있는 하수구 박물관을 구경한 뒤, 알마 다리를 건너 세느 강 북쪽으로 갔다. 세느 강을 따라 지하 차도가 있고, 지하 차도 위에 '자유의 불꽃'이라는 금색의 조각이 보인다. 자유의 불꽃은 자유의 여신상이 들고 있는 횃불의 복제품이다. 이 지하 차도가 1997년 8월 31일 영국의 다이애나 황태자비와 그녀의 연인 도디 파예드가 사고를 당한 곳이다. 당시 리츠 호텔을 나온 다이애나와 도디가 탄 차는 파파라치를 피해 과속으로 달렸다. 차는 지하 차도에 이르러서 기둥에 부딪히며 다이애나와 도디가 사망했다. 그 후 이들을 추모하는 사람들이 자유의 불꽃 앞에 꽃다발과 그들의 사진 등을 갖다 놓았다. 자유의 불꽃이 다이애나의 추모비가 된 셈이다. 그때 놓인 꽃다발과 사진은 2002년에 치워져 지금은 아무것도 없었다.

　　일설에는 다이애나 황태자비가 이슬람인인 도디를 만나지 못하도록 영국의 비밀 정보국인 M16이 공작을 벌여 사고를 당했다는 음모설도 있었다. 여기에 다이애나의 바깥 나들이가 남편 찰스 황태자와 카밀라 간의 외도 때문이어서 다이애나가 동정표를 받았다. 훗날 다이애나 죽음의 단초가 된 찰스 황태자와 카밀라는 정식 결혼을 했다. 애초에 찰스 황태자가 다이애나와 결혼하는 게 아니었다.

　　알마 광장에 가려면 지하철 9호선을 타고 알마 마르소 역에 내리거나 교외 고속 전철 RER을 타고 퐁 데 알마 역에 내려 알마 다리를 건너가면 된다. 지하 차도 위의 자유의 불꽃 앞에서 다이애나 황태자비가 세계 여러 나라의 빈민을 위해 봉사하던 아름다운 모습이 떠올랐다.

물랭루즈의 화가
툴루즈 로트레크

예술과 외설 사이

물랭루즈가 있는 몽마르트르 언덕 아래 피갈 거리는 예술과 외설, 예술과 퇴폐가 공존하는 곳이다. 19세기 말 세계 각지에서 활동하던 고흐, 고갱, 피카소 같은 화가들이 몽마르트르에 모여 아틀리에를 열었고 물랭루즈에서 무희들의 캉캉 춤을 구경하기도 했다. 술에 취한 예술가들은 물랭루즈 아래 피갈 거리의 창부들을 찾아가기도 했다.

물랭루즈는 '붉은 풍차'라는 뜻으로 발을 높이 차는 캉캉 춤으로 유명한 카바레이다. 물랭루즈에서는 캉캉 춤뿐만 아니라 반라 차림으로 유혹의 춤을 선보이기도 한다. 물랭루즈는 그나마 점잖은 것이고 샹젤리제 거리의 리도쇼나 크레이지 호스쇼에서는 상의를 벗은 토플리스 차림으로 인간의 욕망을 적나라하게 춤으로 표현하고 있다. 물랭루즈나 리도쇼, 크레이지 호스쇼는 공연 예술로 치부되지만, 물랭루즈 아래 피갈 거리의 섹스쇼는 완전한 외설이 된다. 물랭루즈나 피갈 거리의 쇼나 모두 무희들이 벗고 퍼포먼스를 하는 것은 비슷한데 말이다. 물랭루즈에서는 반라의 춤으로, 피갈 거리의 쇼에서는 전라의 연기로 사랑을 표현한다. 단지 피갈 거리의 쇼에서는 남녀 간의 접촉이 더 있을 뿐이다. 간단히 예술과 외설을 나누긴 어렵다. 몽마르트르 화실의 누드화는 예술, 물랭루즈의 반라는 대중 예술, 피갈 거리의 전라는 외설이라고 쉽게 단정할 수는 없는 것이다.

예술에서 퇴폐로 넘어가는 것은 은밀한 거래에 있다. 피갈 거리에서 전라 무희의 몸짓에는 뜨악해 하면서 베드신이 나오는 영화는 기꺼이 돈을 지불하

고 관람하지 않는가. "예술이야" 하면서. 영화 속 베드신을 사는 것이나 피갈 거리에서 실제 전라 무희의 몸짓을 사는 것이나 실상은 다를 게 없다. 그런데 한쪽은 예술이고 다른 한쪽은 퇴폐가 된다.

파리의 피터팬, 로트레크

예술과 외설, 퇴폐가 공존하는 몽마르트르에 뛰어들어 그림을 그리던 사람이 있었다. 마치 성장을 멈춰 버린 피터팬처럼 그도 16살 이후 자라기를 포기했다. 그는 물랭루즈의 화가라 불리는 로트레크이다. 로트레크는 귀족의 자제였다. 원인 모를 이유로 성장이 멈췄을 뿐, 별 탈 없이 일생을 편안히 살 수 있는 사람이었다. 그는 귀족의 편안함을 버리고 그림을 배우고 몽마르트르에 아틀리에를 열었다. 당시 몽마르트르에 있던 고갱, 고흐 등과 어울리며 그림을 그렸다. 그림을 그리지

220

않을 때에는 물랭루즈부터 피갈 거리까지 돌아다니며 쾌락에 빠지기도 했다. 그는 몽마르트르에서 인간만사를 다 보았는지도 모른다. 이후 그가 즐겨 그린 대상은 물랭루즈의 무희들과 피갈 거리의 창부들이었다. 특히 1891년에 물랭루즈의 포스터를 의뢰받아 그린 〈쾌락의 여왕〉, 〈다방 자포네〉 등은 화려한 쇼를 하는 무희들의 인생과 뒷골목 풍경을 잘 표현했다는 평가를 받았다.

로트레크는 무려 13년 동안 몽마르트르의 밤거리를 헤매다가 급기야 알코올 중독에 의한 정신 이상으로 정신병원에 입원하게 된다. 그렇지 않아도 성하지 않은 몸이었는데 정신의 병까지 얻으니 죽음을 향한 특급 열차에 올라탄 것과 같았다. 묘한 것이 한 번 죽음을 향한 특급 열차에 올라탄 사람은 절대 내릴 수 없다는 것이다. 그는 정신병원에서 퇴원한 뒤 요양을 하며 그림을 계속 그렸으나 결국 37세의 나이로 죽음을 맞이하고 만다. 귀족으로 편히 살았으면 수명을 다하고 살았을 텐데 예술가의 길을 택해 수명을 단축하고 만 것이다. 그의 어머니는 그가 남긴 유화 737점, 판화와 포스터 368점, 스케치 5,084점을 알비시에 기증했고 알비시는 그 작품들을 가지고 로트레크 미술관을 개관했다. 어쩌면 물랭루즈와 피갈 거리의 네온사인이 로트레크의 부실한 신체가 주는 고통을 잠시나마 잊게 해 주었는지도 모른다.

SEX O!

MOULIN ROUGE
MOULIN ROUGE
LA LOCO
Féerie
LA REVUE DU MOULIN ROUGE

MOULIN ROUGE

붉은 풍차를 돌려라!

영화 〈물랭루즈〉는 19세기의 물랭루즈를 완벽히 재현해 많은 찬사를 받았다. 재미있는 것은 〈물랭루즈〉가 파리의 몽마르트르가 아닌 호주에 지어놓은 영화 세트장에서 찍은 것이라고 한다. 유럽 분위기의 프랑스와 미국 분위기의 호주는 너무나도 다른데 말이다. 물론 세트 안에서 찍었으니 호주의 모습이 나오는 것은 아니지만 느낌이 다른 것은 확실하다. 파리에서 본 영화 〈물랭루즈〉는 색다른 느낌이었다. 잠시 시간을 뒤로 돌려놓은 듯 물랭루즈의 쇼와 무대 뒤 무희들의 모습이 실제처럼 보였다. 〈물랭루즈〉는 물주를 만나 신분 상승을 꿈꾸는 카바레 가수 샤틴(니콜 키드먼)과 가난한 시인 크리시티앙(이완 맥그리거)의 슬픈 사랑 이야기이다. 여기서 샤틴과 크리시티앙 간의 사랑을 도와주는 예술가로 나오는 이가 바로 로트레크였다. 영화 속에서는 조금밖에 나오지 않지만 진짜 물랭루즈의 주인공은 로트레크라 할 수 있다.

이 영화의 감독을 맡은 비어만은 물랭루즈 스토리를 오르페우스 신화에 빗대어 "인생은 비극이라는 비관론과 이상주의, 그리고 어른으로 성장해 가는 과정이 이 신화 속에 담겨 있다."고 했다. 이는 로트레크에게 딱 맞는 이야기 같다. 로트레크가 13년간 물랭루즈와 피갈 거리에서 보낸 시간은 어른으로 성장해 가는 과정이었는지 모른다. 비록 성장을 끝맺지 못하고 파리의 피터팬으로 남았지만, 그에게는 뜻깊은 시간들이 었을 것이다.

　　우리보다 사회 보장 제도가 잘 되어 있는 파리에도 노숙자가 있다. 그런데 영화 〈퐁네프의 연인들〉처럼 퐁네프 다리에는 노숙자가 보이지 않았다. 노숙자들은 기차역 앞이나 외진 세느 강변에 있었다. 파리 노숙자들의 특징은 개를 데리고 있고 담요나 침낭이 있으며 와인을 마신다는 것이다. 노숙자가 개를 데리고 있으면 개를 좋아하는 파리 사람들이 마지못해 적선을 한다고 한다. 노숙자를 위해서가 아니라 개를 위해서. 개는 적선을 돕고 노숙자의 안전까지 지켜 주는 소중한 존재였다.

　　파리의 기온은 낮과 밤의 일교차가 커서 여름에도 야외에서 맨몸으로 자기는 힘들다. 밤에는 상당히 쌀쌀해져서 노숙자에게 담요나 침낭은 필수 품목인 듯 보였다. 어느 노숙자는 추위를 이기려 개를 꼭 껴안고 자기도 한다.

　　파리의 노숙자들은 여느 노숙자와 같이 술을 마셨다. 하지만 노숙자가 마시는 술은 와인이다. 와인의 고향 프랑스여서 당연하게 생각될지 모르나 노숙자가 마시는 와인도 한국에서는 중간 가격의 와인쯤 되어 보였다. 파리에서 와인은 비교적 싸고 양 많은 술에 속하기 때문이다.

　　파리의 노숙자들은 평소에는 온순하나 술에 취한 경우 접근하지 않는 것이 좋다. 세느 강변에 텐트를 치고 사는 노숙자도 있다. 이들은 텐트와 간단한 취사 도구까지 갖추고 있어 야외 생활자라고 할 수 있는데 파리 사람들은 이들도 노숙자라고 부른다.

파리의
거리 악사들

순식간에 지나가 버린 음악의 날

　　매년 6월 21일은 '음악의 날'이라는 파리의 축제이다. 한 파리 사람이 일
년 중 하루는 마음껏 음악을 연주하고 즐기자는 취지로 시작했는데 의외로 반
응이 좋아 계속되고 있다. 프랑스 여행 경험이 많은 호주 사람 대릴에게 물으니
파리뿐만 아니라 프랑스 전역에서 음악의 날 축제가 동시에 열린다고 한다. 음
악의 날 축제는 공식 조직 위원회 같은 것은 없고 음악을 연주하고 싶은 사람은
누구나 거리에 나와 음악을 연주하면 된다. 개중에는 프로 못지않은 밴드가 있
는 반면에 자신만 아는 음악을 하는 아마추어 밴드도 있다. 하지만 아쉽게도 음
악의 날인 6월 21일은 고흐가 살았던 오베르에 가려고 계획한 날이었다. 파리
로 돌아와서는 저녁에 있는 발레 공연 표를 예약해 놓기도 해서 음악의 날 축제
를 얼마나 볼 수 있을까 걱정이 되었다.

　　부지런히 오베르를 둘러보고 파리로 돌아와 오페라 가르니에에서 발레 〈라
담 오 카멜리아〉를 보았다. 〈라 담 오 카멜리아〉는 〈춘희〉로 더 잘 알려져 있는
작품이다. 발레는 춤과 음악으로 모든 것을 표현해야 하니 어느 고전 예술보다
멋진 춤과 환상적인 음악을 들을 수 있다. 이 날의 공연은 풀 오케스트라의 연
주는 아니었지만 오케스트라의 연주를 들으며 "참 잘한다, 참 듣기 좋다."라는
말이 절로 나올 만큼 지휘자와 악단 간의 호흡이 잘 맞있다. 발레를 보고 나오
니 오페라 가르니에 앞마당에 간이 오케스트라 악단이 자리 잡고 있었다. 악단
은 격식을 차려 연미복을 입은 것이 아니라 청바지와 티셔츠 차림이었는데 발
레 공연에 방해되지 않게 공연이 끝나기를 기다리고 있었다. 발레 공연이 끝난

것을 알자 악단은 신나는 음악을 연주하기 시작했다. 발레를 보고 나온 사람들이나 지나가던 사람들이 걸음을 멈추고 이들의 연주를 지켜봤다. 나중에 애기를 들으니 샹젤리제 거리의 루이비통 본사 앞에서도 오케스트라 악단이 공연을 했다고 한다. 그 외 많은 곳에서 오케스트라 악단이 공연을 가졌는데, 그러고 보면 클래식 악기를 다루는 자원이 매우 많은 것 같아 부러울 따름이다. 악기를 다루는 자원이 많을 뿐만 아니라 이런 날에 기꺼이 거리로 나와 음악을 연주할 수 있는 용기가 대단하다. 우리는 아직까지 클래식 연주 하면 예술의 전당 같은 곳에서만 하는 것으로 알고 있는데 말이다. 우리 클래식 연주자들도 거리에서 시민들을 위해 연주하는 일이 자주 생겼으면 좋겠다. 파리 음악의 날 축제에서는 누가 보수를 주는 것이 아닌 데도 연주자들 모두 자발적으로 음악을 즐기기 위해 연주했다.

시간이 늦어져 지하철을 타고 숙소로 돌아가는 길에 지하철 안으로 한 무

228

리의 사람들이 올라 탔다. 한 사람은 작은 드럼을 들고 있었고 다른 한 사람은 기타를 갖고 있었다. 그들은 갑자기 연주를 하며 노래를 하기 시작했다. '뚱땅, 뚱땅~' 하는 것이 아마 남미계 음악인 레게 음악이 아닌가 싶었다. 지하철 승객들은 갑작스러운 이들의 등장에 놀랐지만 이내 음악에 따라 손장단을 맞추고 즐거워했다. 오늘이 음악의 날인 걸 다들 알고 있는 것 같았다. 이들은 공연을 마치고 다음 역에서 우르르 내렸다. 아마 다른 지하철을 타고 또 공연을 하려는 모양이다. 음악의 날, 진정한 게릴라 콘서트라고 할까.

숙소 근처에 도착하니 여기저기에서 음악 소리가 들렸다. 이쪽은 힙합, 저쪽은 개그맨 박명수가 한다는 유로 댄스 음악 같았다. 카페에서도 커다란 스피커를 설치해 큰 소리로 음악을 틀고 있었는데 평소 같으면 당장 경찰이 달려왔을 것이다. 힙합은 거리 한쪽에 턴테이블과 믹서, 스피커를 놓은 곳에서 들려왔다. 힙합 DJ는 춤을 추며 힙합 음악을 크게 틀고 있었고, 옆 카페의 유로 댄스 음악과 경쟁을 하는 듯 보였다. 지나가는 사람들은 각자의 취향에 따라 음악이 나오는 곳에서 즐기기만 하면 됐다. 음악은 밤이 지나 새벽까지 들려왔는데 시끄럽다고 소리치는 파리 시민은 한 명도 없었다. 소란이 일어 '삐뽀삐뽀~' 경찰차가 출동하는 일도 없었다. 오늘은 음악의 날이니까.

거리의 악사들

음악의 날 축제 다음날이 밝았다. 밤새 소란스럽던 흔적은 그 사이 사라지고 없었다. 어젯밤에 보았던 카페 앞과 거리의 스피커는 모두 사라졌다. 거리의 쓰레기는 부지런한 청소부 아서씨가 쓸어 담았다.

"정말 딱 하루 요란하게 즐기고 끝내는구나." 음악의 날 축제는 그렇게 순식간에 지나갔다. 음악의 날 축제가 아니더라도 파리를 여행하며 거리의 악사를 만나는 일은 즐겁다. 지하철 악사를 보려면 오전보다는 오후 시간에 지하철을 타야 한

다. 당국의 허가를 받은 실력 있는 악사들이 지하철 안이나 지하철 역 안에서 연주를 한다. 바이올린이나 아코디언 연주도 있고 전자 기타를 치며 노래를 들려 주기도 한다. 지하철 역 안에서 연주되는 바이올린이나 첼로, 아코디언 등의 선율은 아름답지만 장소가 장소인 만큼 처량하게 들리기도 한다.

지하철 밖에서는 노트르담 성당 인근 세느 강변이나 라탱 거리, 마레 지역의 생 폴 역 거리 등에서 거리의 악사를 만날 수 있다. 어느 날 노트르담 성당 인근 세느 강변에서 4인조 브라스 밴드가 신나게 연주를 하고 있었다. 아직 실력이 미치지 못하는지 멤버 간의 호흡이 맞지 않아 가끔 연주가 중단되기도 했는데 이에 상관없이 스스로 흥을 돋우며 재미있게 연주하고 있었다. 이들의 공연이 진짜 공연이었는지, 연습이었는지 모르겠다. 노트르담 성당 뒤쪽 공원에는 프랑스의 대중가요를 부르는 통기타 가수가 지나가는 사람들을 불러 모으고 있었다. 한국 가요를 케이 팝(K-Pop)이라고 하니, 프랑스 가요는 에프팝(F-Pop)인가. 아니면 그냥 상송인가.

마레 지역의 생 폴 역 거리에도 간혹 거리의 악사들이 출동해 연주를 한다. 내가 본 거리의 악사는 여성 록싱어로 전자 기타를 연주하며 노래를 불렀다. 그녀 옆에는 그녀가 타고 온 스쿠터가 무대 배경처럼 세워져 있었다. 대개 거리의 악사들이 연주를 하고 난 뒤, 모자를 들고 수고비를 받으러 다니면 사람들이 동전을 던져 주었다. 던져 준 동전 중에 1유로짜리는 드물어 거리 공연으로는 큰 수입이 되지 못할 것 같았다. 일부는 자신의 연주가 담긴 CD를 팔기도 하는데 이 역시 어쩌다 한두 개 팔릴 뿐이다. 파리에서 거리의 악사들은 생계형 공연을 하는 것은 아니라는 얘기다. 본업은 따로 있고 스스로 즐기기 위해 공연을 하는 것 같았다. 그 때문에 평일보다는 주말에 거리의 악사들을 더 많이 보게 되는지도 모르겠다.

오페라 가르니에에서 발레 〈라 담 오 카멜리아(la Dame aux camélias)〉를 관람했다. 간단히 한국어로 번역하자면 '춘희'가 되고 정확하게 하자면 '동백꽃 여인'쯤 된다. 우리에게는 베르디의 오페라 〈춘희〉로 많이 알려져 있는 작품을 발레로 공연한 것이었다. 베르디의 〈춘희〉의 원제는 〈라 담 오가 라 트라비아타〉로 '방황하는 여인'이라는 뜻이다. 〈춘희〉는 원래 알렉산더 뒤마의 소설에서 따왔는데 그 제목은 〈라 담 오 카멜리아〉이다.

예술의 도시 파리, 그중에도 고급 예술로 꼽히는 발레 표를 사는 것은 그리 유쾌하지 않다. 발레 표를 사려고 오페라 가르니에의 박스오피스로 갔다. 매표원에게 무슨 공연이냐고 영어로 물었더니 그걸 대답 못해 영어하는 옆 사람에게 넘겼다. 영어를 할 줄 아는 매표원은 발레를 보러 왔다고 하는 나를 위아래로 훑어봤다. 그리고 공연 전날에 다시 오라고 한다. 예매를 하려고 한다니까

막무가내로 공연 전날에 오란다. 그의 표정은 "당신 같은 사람이 이런 공연을 이해할까." 하고 말하고 있었다. 며칠 후, 공연 전날에 박스오피스에 다시 갔더니 좌석은 거의 매진이다.

"이런, ×××. 뭐 하는 짓이야. 미리 표를 살 수 있었는데……."

겨우 위층의 사이드 좌석을 구해 발레를 볼 수 있었다. 중간 쉬는 시간에 극장 안을 둘러보니 나를 포함해 아시아 사람은 다섯 손가락에 꼽을 정도고 모두 파리 사람들뿐이다.

발레 〈춘희〉는 파리 사교계의 여왕이자 창부인 비올레타와 시골 청년 알프레도 간의 슬픈 사랑 이야기이다. 발레는 오페라와 달리 춤과 음악만으로 공연되는 것이라 언어 소통에 대한 스트레스가 없어 좋다. 더불어 화려한 발레 의상을 보니 모처럼 눈이 호사를 한 느낌이었다.

파리의 대학가와 성당을 순례하는 산책 코스
라탱에서 생 쉴피스 성당까지

파리의 대학로, 라탱

라탱 지구에는 여러 대학들이 있다. 가장 유명한 대학은 파리 4대학인 소르본 대학이다. 소르본 대학 앞에는 대학 예비 학교인 리세가 있고 팡테옹 옆에도 다른 리세가 있다. 팡테옹 아래에는 프랑스 대학의 다른 이름인 에꼴이 3개나 있고 라탱에서 세느 강 쪽으로 내려가면 파리 4대학과 7대학이 있다. 생 미셸 거리 건너편에도 에꼴과 파리 5대학이 있다. 이 정도면 라탱을 파리의 대학로라고 부르기에 부족함이 없다. 라탱에는 대학뿐만 아니라 생 제르맹 데 프레 성당이나 생 쉴피스 같은 중요한 성당들이 여럿 있다.

파리의 대학가와 성당을 순례하는 산책 코스는 생 세브랭 성당에서 출발해 아랍 문화원 → 생 테티엔느 뒤 몽 성당 → 팡테옹 → 소르본 대학 → 뤽상부르 공원 → 생 쉴피스 성당 → 생 제르맹 데 프레 성당까지이다. 생 세브랭 성당으로 가기 위해서는 지하철 4호선을 타고 생 미셸 역에서 내린다. 언제나 떠들썩한 라탱 식당가를 지나니 생 세브랭 성당이 보인다. 생 세브랭 성당은 그리 큰 성당은 아니다. 성당 외벽에 악귀를 잡아 먹을 듯 뻗어 있는 이무기 돌이 인상적이다. 생 세브랭 성당에서 세느 강 쪽으로 가면 영어책 전문 서점인 셰익스피어 앤 코를 만날 수 있다. 책방에 들러 책을 보다 보면 그날의 산책길이 늦어질 수 있으니 주의한다.

세느 강을 따라 계속 내려가면 아랍풍의 현대 건축물이 있다. 아랍 문화원이다. 아랍 문화원 안에는 박물관과 도서관, 아랍 레스토랑 등이 있다. 테러 위험 때문인지 아랍 문화원에 입장하려면 무장 경찰의 몸수색을 받아야 한다. 아랍 문화원 옆 건물이 파리 4대학 겸 7대학이다. 파리의 대학에는 입구마다 수위가 지키고 있어 안에 들어가 볼 수는 없다. 파리 4대학을 뒤로하고 남쪽으로 내려가면 카르 공원이 있고 공원을 지나 언덕길에 생 테티엔느 뒤 몽 성당과 팡테옹이 보인다.

팡테옹 옆에는 대학 예비 학교인 리세가 있어 학생들이 학교 문 앞에 모여 있는 것을 볼 수 있다. 생 테티엔느 뒤 몽 성당에는 파리의 수호성인인 생트 쥬느비에브의 손가락이 있는 유물함이 있다는데 볼 수는 없었다.

팡테옹의 지하에는 볼테르, 루소, 빅토르 위고 같은 명사들이 잠들어 있고 팡

생 세브랭 성당

생 테티엔느 뒤 몽 성당

팡테옹

테옹에 매달린 진자는 푸코의 지구의 자전을 증명했던 바로 그것이다. 진자 옆에 푸코의 진자 실험에 대한 설명서가 붙어 있어 사람들의 이해를 돕고 있다.

파리에서 가장 오래된 성당과 미스터리한 성당

팡테옹에서 뤽상부르 공원 쪽으로 가다가 오른쪽으로 내려가면 소르본 대학이 나오는데 입장이 되지 않아 밖에서만 볼 뿐이다. 소르본 대학에서 생 미셸 도로를 건너면 뤽상부르 공원이다. 근처에 살던 헤밍웨이가 배가 고파 공원의 비둘기를 잡아 먹었다는 일화가 있는 곳이다. 뤽상부르 공원은 중앙에 연못이 있는 전형

뤽상부르 공원

적인 프랑스 정원이고 상원으로 쓰이는 뤽상부르 궁이 고풍스럽게 자리 잡고 있다. 뤽상부르 공원을 나오면 파리에서 가장 오래된 성당인 생 제르맹 데 프레 성당과 만난다. 이 성당은 542년에 처음 세워졌고 원래 대수도원이었다고 한다. 성당 구경보다 성당 앞에 있는 루이비통 매장에 관심이 더 쏠릴지도 모르겠다.

"성당은 뭐 앞에서도 몇 개를 봤는걸."

루이비통 외에 근처에는 부티크와 갤러리 등이 있어 성당으로 향하는 걸음이 느려진다. 루이비통을 보고 유명한 플로르 카페나 레 되 마고 카페에 들러 에스프레소 커피인 카페 한 잔을 마시는 것도 좋다. 물론 유명 카페의 카페는 무명의 카페보다 서너 배 비싸다. 카페의 유명세라는 것이 있고 웨이터의 팁도 가격에 포함되어 있기 때문이다. 그럼에도 오후나 저녁 시간에는 빈자리를 찾기 힘들다. 생 제르맹 데 프레 성당 뒤쪽으로는 들라크루아 미술관이 있어 관심 있는 사람이라면 찾아볼 만하다.

생 제르맹 데 프레 성당에서 지나가던 여자에게 생 쉴피스 성당으로 가는 길을

생 제르맹 데 프레 성당

성당 앞 루이비통 매장

카페 데 플로르

물으니 우선 자기 짐부터 나르는 것을 도와 달라고 했다. 생 제르맹 데 프레 역까지 짐을 옮겨 주었더니 지하철을 타고 가란다. "뭐야" 이 역에서 생 쉴피스 역까지는 한 정거장이었다. 걸어가도 그리 시간이 많이 걸리지는 않을 것 같았지만 지하철 패스가 있어서 지하철 4호선을 타고 생 쉴피스 역에서 내렸다. 생 쉴피스 성당은 영화 〈다빈치 코드〉 때문에 찾아오는 사람이 태반이었다. 영화 속에 나오는 로즈 라인은 실상 해시계의 일부에 불과하다. 생 쉴피스 성당은 원래 들라크루아의 성화가 있는 곳으로 유명하다. 들라크루아가 생 쉴피스에서 성화 작업을 하며 살았던 곳이 바로 생 제르맹 데 프레 옆 지금의 미술관 자리였다. 생 쉴피스 성당을 보고 생 미셸 도로를 건너 라탱 식당가로 저녁을 먹으러 갔다. 파리의 대학로인 라탱에는 파리의 대학생들은 보이지 않고 세계 각국에서 온 관광객만 가득했다. 아무렴 어떠랴, 마음만 대학생처럼 젊게 가지면 됐지.

들라크루아 미술관

생 쉴피스 성당

MONT BLANC
HOTEL
JARDIN DE ROI
SCIENCES HUMAINES
Little Corner
FRANÇAISES

IV. 색다른 파리

장발장도 왔다 간
파리 하수구 투어

〈레미제라블〉에 등장하는 파리 하수도

신분을 숨기고 시장까지 되었다가 자베르 경감의 추격으로 감옥에 간 장발장. 그는 감옥을 탈옥해 자신이 도와준 여공의 딸 코제트를 친딸로 여기며 수도원에 숨어 살았다. 장발장으로서는 오랜만에 맛보는 행복이었다. 하지만 이것도 잠시뿐, 장발장은 프랑스 혁명의 소용돌이 속에 코제트를 사랑하는 공화주의자 마리우스를 구해 파리의 지하 하수도를 통해 도피한다.

〈레미제라블〉에 등장하는 파리의 하수도는 사람이 다닐 수 있을 만큼 크고 넓은 것으로 알려져 있다. RER 교외 고속 전철을 타고 퐁 데 알마 역에 내리면 실제 파리의 지하 하수도를 견학할 수 있다. 퐁 데 알마 역에서 나오면 파리 하수도 박물관 간판이 보인다. 파리 하수도 박물관은 지하에 있기 때문에 지상에는 매표소가 있는 작은 건물밖에 없다. 하수도를 구경하는 것이어서 보려는 사람이 얼마나 있을까 싶지만 적지 않은 사람들이 매표소에서 표를 산다. 별걸 다 보여 주려는 파리 사람들이라고 해야 할지, 별 걸 다 보려는 관광객들이라고 해야 할지.

입장권을 끊고 파리 하수도 박물관 안으로 내려갔다. 지하에 있는 하수도는 작은 터널이다. 하수도 중앙에 하수가 흐르고 있고 좌우로 사람들이 다닐 만한 공간이 있다. 하수는 가급적 자연 경사를 이용해 흘러가도록 설계되었다고 한다. 중간 중간 하수 집합소에만 펌프가 있어 다음 구간으로 하수를 보낸다. 하수도에는 여러 동물과 물고기가 살고 있다. 먼저, 쥐를 빼놓을 수 없는데 쥐가 있으니 쥐를 잡는 고양이와 너구리 같은 것도 가끔 하수도에 출몰한다고 한다. 하수 속에도 몇몇 물고기들이 살고 있어 놀라울 뿐이다.

파리의 더러움 때문에 생겨난 것들

파리의 하수도가 생기기 전, 파리 사람들은 생활하수를 어떻게 버렸을까. 정답은 '그냥 길에 버렸다'이다. 생활하수뿐만 아니라 쓰레기까지 마구 길에 내다 버렸다. 더구나 집 안에 화장실이 없어서 요강 같은 곳에 담긴 오물을 길에 쏟아버렸다고 한다. 그러니 파리의 거리는 엉망진창이었고 위생은 최악이었다. 그 때문인지 유럽을 휩쓴 페스트로 인해 수많은 사람이 희생되기까지 했다. 페스트를 옮기는 주범은 쓰레기를 뒤지는 쥐였다. 비 오는 날은 더욱 엉망이었는데 왕궁이나 성당 앞같이 일부 돌로 포장된 도로를 빼고 대부분의 도로는 비포장이라 진흙탕에 발이 빠지기 일쑤였다고 한다.

이런 파리의 더러움 속에 생겨난 것이 악취를 감추기 위한 향수, 오물이 있는 진흙탕에 빠지지 않기 위한 하이힐, 내다버리는 오물을 피하기 위한 양산, 하수를 버리기 위한 하수도 등이다. 하이힐은 원래 여성만의 신발이 아니었고 루이 14세같이 키 작은 남성들이 키높이 신발로도 신었다고 한다. 물론 하이힐

의 가장 큰 용도는 거리의 오물을 피해 다니기 위한 것이었다. 한데 양산은 햇볕을 가리는 용도로 탄생한 줄 알았는데 오물을 피하기 위해 썼다니 뜻밖이다.

파리의 더러움을 일시에 해결한 것이 바로 지하 하수도였다. 웬만한 것은 모두 하수도에 버리면 끝이다. 그래서 파리의 청소부들은 빗자루로 쓸기보다 살수차로 거리를 청소하는 경우가 많다. 이렇게 만들어지기 시작한 파리의 하수도는 총 2,300km에 달하고 그중 사람이 들어갈 수 있는 곳이 1,600km나 된다고 한다. 서울과 부산의 거리가 400km 정도이니 그 길이가 얼마나 긴지 짐작이 간다. 하수도를 덮고 있는 맨홀 뚜껑이 23,000개이고 매일 파리 하수도의 지상에서 200명, 지하에서 400명이 열심히 일하고 있다.

기묘한 하수도 청소 도구들

파리 하수도 박물관에서 가장 특이한 것은 커다란 쇠볼이다. 영화 〈인디아나 존스의 모험〉에서 광산에 들어간 인디아나 존스 일행을 향해 굴러오던 커다란 볼이 떠오른다. 하수도에 있는 쇠볼은 하수가 불어날 때 자연적으로 굴러 하수와 찌꺼기를 이동시키는 역할을 한다고 했다. 하수가 불어나지 않았을 때는 사람이 직접 쇠볼에 달린 줄을 잡아당겨 쇠볼을 끌고 다녔다고 한다.

"무척 힘이 들었겠다."

인간 포클레인 같은 청소 기구도 힘들기는 마찬가지여서, 두 사람이 인력으로 포클레인의 삽으로 찌꺼기를 파서 청소했다. 다행히 근대에 동력이 개발

Les Misér
Dans ce roman en dix volumes, Vic
Hugo (180 - 1885), écrivain frança
a introduit des passages d'une réell
valeur historique. La description de
égouts en est un exemple.
In this ten-volume novel, Victor Hugo
(1802-1885), a French author, has wr
passages that are of real historical val
The description of the sewers is an ex

SORTIE

되면서 인력 대신 광산의 기관차 같은 것으로 하수의 찌꺼기를 청소하게 되었다고 한다. 파리 하수도 박물관에는 당시 쓰던 랜턴이나 장갑, 곡괭이, 삽 같은 장비가 전시되고 있어 조금이나마 그때의 실상을 짐작할 수 있다. 480m에 달하는 하수도 견학 코스의 마지막에는 가상으로 하수도 청소 기구를 운전해 볼 수 있는 장치가 있다. 시뮬레이션으로 자동차를 운전하는 것처럼 모니터를 보고 하수도 기계를 움직여 하수도를 청소해 보았다. 별 걸 다 만들어 놓았다는 생각이 든다. 기념품 매장에서는 "여기서 무슨 기념품을 팔 수 있을까?"라고 생각했는데 '쏘리'라는 이름까지 붙인 하수도 쥐의 열쇠고리를 팔고 있었다. 하수도에서 제거 대상 1호인 쥐를 마스코트화해서 팔고 있는 것을 보니 발상의 전환이라는 생각과 함께 팔 게 없으면 만들어서라도 팔아야 한다는 신념이 엿보였다. 그렇지만 관람객들이 그다지 쏘리를 좋아하지는 않았다.

　　파리 하수도 박물관 한편에는 빅토르 위고가 소설 〈레미제라블〉에서 묘사한 하수도 부분을 전시하고 있는데 상당히 정확하다고 한다. 아마 빅토르 위고도 〈레미제라블〉을 쓰기 전에 하수도 박물관에 견학을 온 것은 아닐런지. 〈레미제라블〉에서 장발장이 부상당한 마리우스를 업고 파리의 지하 하수도를 헤매는 장면이 나온다. 지하 하수도 안에 들어가면 터널이 비슷비슷해, 원하는 장소로 나가기 힘들어 보인다. 지금은 지하 터널 구역마다 위치를 나타내는 표지판이 붙어 있어 길을 잃을 염려는 없을 듯하다. 파리의 하수도 박물관을 돌러보니 소재 자체가 독특하고 빅토르 위고의 〈레미제라블〉이라는 스토리까지 디해져 인기 있는 관광지로 남을 것 같다.

애완견을 키워본 사람이라면 개 한 마리를 기르는 비용이 한 사람 몫과 같다는 것을 안다. 그만큼 애완견을 잘 씻기고 먹이고 입히는 데 돈이 많이 든다. 파리에 처음 찾은 사람들이 놀라는 것 중 하나가 개이다. 파리의 개들은 거의 사람과 등등한 대우를 받는 듯하다. 파리 사람들은 개의 목이나 몸통에 개 줄을 걸고 아기 다루듯 조심스럽게 개를 데리고 다닌다. 공원에서 산책하는 사람들의 손에는 꼭 개 줄이 잡혀 있다. 이상하게 파리의 개들은 성대 수술을 시켰는지 잘 짖지도 않는다. 낮뿐만 아니라 밤에도 개들은 잘 짖지 않았다. 파리의 개들은 집을 지킬 필요가 없어서일까. 개들은 사람처럼 낮에 깨어 있고 밤에 잠을 자는 듯했다.

"파리의 개 팔자가 상팔자야."

파리에서는 어린이 〉 여성 〉 개 〉 남성순으로 대접을 받는다. 개가 웬만한 남자보나 나은 생활을 하고 있다. 개는 늘 부족함 없이 먹었고 잘 씻겨 있었으

며 사랑을 듬뿍 받았다. 그래서일까 개를 기르는 여성과는 사귀기 어렵다는 말이 사실로 보인다. 노숙자가 데리고 있는 개는 노숙자의 은인이다. 노숙자의 개는 사람들에게 적선을 하게 하고 노숙자를 보호해 준다.

파리에서 개로 인한 단 한 가지 문제가 있다면 역시 개똥이다. 너도나도 거리로, 공원으로 개를 데리고 나오기 때문에 도처에 개똥이 널려 있다. 일부 양심 있는 개 주인들은 집게와 봉지를 가지고 다니며 개똥을 치우기도 하지만, 다른 개 주인은 "아이고 잘 싸네, 내 새끼." 하며 똥 싸는 개를 흐뭇하게 바라볼 뿐이다. 그들이 지나가고 나면 개똥은 길가에 그대로 남아 있다. 오죽하면 "파리에서 개똥에 한 번 미끄러지지 않은 사람은 어디 가서 얘기도 하지 마라."라는 말이 떠돌 정도이다. 나도 각별히 주의를 했지만 결국은 개똥에 미끄러져 허리를 다칠 뻔했다.

카타콤베에서
페르 라셰즈 묘지까지

초기 기독교 지하 묘지가 파리에?

　　이탈리아 로마 여행을 갔을 때 언덕 아래 동굴 형태의 카타콤베를 본 적이 있다. 카타콤베는 초기 기독교인들의 지하 묘지를 말하는데 그런 것이 파리에도 있다고 한다. 파리의 카타콤베에 가기 위해서는 지하철 6호선을 타고 돈페르 로셰로 역에서 내린다. 카타콤베는 역에서 그리 멀지 않은 로터리에 있는데 이른 아침인데도 카타콤베에 입장하려는 사람들이 줄을 서 있다. 처음에는 이 사람들이 기독교에 대한 열정적인 믿음이 있다고 생각했는데 나중에 알고 보니 파리의 카타콤베는 초기 기독교의 지하 묘지와는 상관이 없는 것이었다. 단지 해골과 뼈가 묻혀 있는 특이한 장소라서 온 것이다.

　　카타콤베는 지하 묘지 내에 200명까지만 입장할 수 있어서, 출구로 사람들이 나와야 나온 수만큼 입장할 수 있다. 한참을 기다린 후 입장 순서가 되어 나선형 계단으로 지하 3~4층 정도 내려가니 동굴이 나왔다. 벌써 차고 습한 기운이 밀려왔다. 더구나 이 차고 습한 기운에 해골과 뼈들의 느낌이 더해진 듯해서 으스스한 기분이 들었다. 얼마간 빈 굴을 지나자 해골과 뼈기 쌓여 있는 곳이 나오기 시작했다. 해골과 뼈들은 작은 방 같은 구역에 나눠져 쌓여 있는데 그 앞에는 어느 공동 묘지에서 온 것이라는 푯말이 있었다. 카타콤베는 1785년부터 파리의 공동묘지에서 유골을 발굴해 이곳을 포함한 3곳의 지하 채석장에 모아둔 것이라고 한다. 파리시가 공동묘지를 파헤친 이유는 파리의 인구가 늘어나 집이나 학교 같은 건물을 세울 땅이 부족해서였다. 우리도 여고괴담 같은 얘기를 들어 보면 언제나 귀신이 나오는 여고는 예전에 공동묘지였지 않은가. 지금 카타콤베 안의 귀신을 말하자면 수십만, 수백만은 될 것이다. 이곳에 해골과 뼈를 쌓아둔 방이 수십 개나 더 있으니 말이다. 귀신들이 모여 있다면 중세부터 근대까지 다양한 시대를 살았던 남녀노소가 다 있을 것이다.

카타콤베 곳곳에는 이곳에 묻힌 이들을 추모하는 제단이 마련되어 있어 자신의 묘지를 잃은 영혼들을 달래고 있다. 카타콤베는 한 지하철역에서 다른 지하철역까지 이어진 규모이며, 옆으로 난 길까지 합치면 규모가 꽤 크다. 이곳에 모셔진 유골만 해도 엄청나다. 카타콤베의 중간에서 만난 관리인은 특별한 일 없이 관람객들을 지켜보고 있었는데 매일 지하묘지에서 일하는 것도 고역일 듯했다. 지하인 데다가 해골과 뼈가 있으며 차고 습한 기운까지 있으니 이곳에서 몇 년 일하면 몸이 바짝 마르지 않을까 걱정되었다. 카타콤베의 끝에 다다르니 따스한 태양빛이 그리워졌다. 빨리 지상으로 나가 상쾌한 공기를 마시고 싶어졌다. 카타콤베의 출구로 올라가는 계단을 한참 오른 뒤에야 비로소 밖으로 나올 수 있었다. 따스한 태양빛을 받으니 눅눅해진 기분이 다시 나아졌다.

숨은 명사들의 묘지 찾기

카타콤베를 봤으니 내침 김에 명사들이 묻힌 페르 라셰즈 묘지(Cimetière du Père Lachaise)로 갔다. 지하철 2호선을 타고 페르 라셰즈 역에 내리니 페르 라셰즈 묘지의 지도를 파는 상인들이 묘지로 가는 사람들을 반겼다. 웬만하면 2유로 하는 묘지 지도를 사는 것이 드넓은 묘지를 헤매지 않는 방법이다. 아니면 묘지를 자유롭게 돌아다니다가 사람들이 모여 있는 곳이 보이면 무조건 가 보는 것도 좋다. 이것은 랜덤으로 명사의 묘지를 만나는 방법이다. 페르 라셰즈 묘지는 페르 라셰즈 역부터 다음 역인 필리프 오거스트 역까지 이어져 광대한 규모를 자랑한다. 묘지 정문으로 가려면 페르 라셰즈 역이 아닌 필리프 오거스트 역에서 내려야 한다.

이곳에서 가장 오래된 묘지는 12세기 아벨라르와 엘로이즈의 것이고 가장 인기를 끌고 있는 묘지는 1960년대 록스타인 짐 모리슨의 것이다. 짐 모리슨은 전설의 록밴드 도어즈의 리드 싱어로, 1971년에 파리에서 사망해 이곳에 묻혔다. 묘지 정문에서 오른쪽으로 가면 7번 구역 27번에 아벨라르와 엘로이즈의 묘지가 있고, 좀 더 가면 6구역 30번에 짐 모리슨의 묘지가 있다. 짐 모리슨의 묘지 앞에는 여전히 그를 기억하는 사람들이 놓고 간 꽃다발이 여러 개 놓여 있다. 주위를 둘러 보니 최고 록스타의 묘지답다는 생각이 든다. 살아서 엄청난 인기를 얻은 것에 비하면 그의 이름이 적힌 동판뿐인 묘지는 매우 소박하다.

상송 가수인 에디트 피아프의 묘지는 97구역 71번으로 짐 모리슨의 묘지에서 위로 올라가 묘지 끝 부분에 있다. 에디트 피아프의 묘지는 가족 묘지로 묘지 주위를 예쁜 꽃 화분으로 장식해 놓았다. 어디선가 "빠담~빠담~" 하는 걸쭉한 에디트 피아프의 목소리가 들려오는 듯하다. 에디트 피아프도 프랑스에서는 짐 모리슨 못지않은 국민 가수였는데 묘지는 작고 평범하다. 에디트 피아프의 묘지 건너편 96구역 70번에는 화가 모딜리아니의 묘지가 있다. 모딜리아니가 이탈리아 사람이라 관리하는 사람이 없는지, 묘지에는 초라한 작은 꽃만 놓여 있을 뿐이다. 에디트 피아프의 묘지에서 시계 반대 방향으로 계속 가면 89구역 83번에 오스카 와일드의 묘지가 있다. 오스카 와일드의 묘지는 제이콥 엡스타인이 날개 달린 천사를 조각해 놓아 멀리서도 눈에 띈다. 우스갯소리로 원래 천사의 성기가 있었으나 너무 사실적이어서 묘지 관리인이 잘라냈다는 소문이 있다. 가장 독특하고 예술적인 오스카 와일드의 묘지에는 인기만큼이나 낙서가 가장 많다. 전 세계의 오스카 와일드의 팬을 자처하는 사람들이 그의 묘지에 매직펜으로 "나 왔거든", "나 왔다 간다~" 하는 식으로 흔적을 남겨 놓았다. 아일랜드 출신의 명작가가 묘지에서 벌떡 일어날 일이다. 낙서할 분들은 망신당하지 않게 조심해야 할 것이다.

계속해서 시계 반대 방향으로 가면 87구역에 무용가 이사도라 던컨의 묘지가 있고, 44구역 66번에 프랑스 배우 겸 가수였던 이브 몽탕의 묘지가 보인다. 이브 몽탕은 우리에게도 잘 알려진 〈고엽〉이라는 노래를 불러서 가을이면 라디오에서 그의 노래를 한 번쯤은 들을 수 있다. 이브 몽탕의 묘지를 지나 48구역 97번에

는 프랑스 대문호 발자크의 묘지가 있다. 그의 묘지 앞에는 발자크의 청동상이 있어 알아보기 쉽다. 발자크상은 로댕의 작품으로 오르세 미술관이나 로댕 미술관 등에서도 볼 수 있다. 발자크 묘지 옆 49구역 95번에는 화가 들라크루아가 잠들어 있다.

발자크 묘지에서 에디트 피아프 묘지와 짐 모리슨 묘지의 중간 방향으로 가면 25구역 58번에 희극 작가 몰리에르와 우화 작가 라퐁텐의 묘지가 나란히 있다. 이렇게 한 구역에 명사들이 나란히 묻히기도 쉽지 않은 일인데 둘 사이에 무슨 인연이 있는 걸까. 서서히 정문 쪽으로 내려가면 11구역 20번에 쇼팽의 묘지, 4구역에 로시니의 묘지가 있다. 그 외 많은 명사의 묘지가 있으나 다 돌아보기는 어려우므로 지도를 보고 몇 사람만 찍어서 보는 것이 좋다. 평일이든 주말이든 낮에는 묘지를 방문하는 사람들이 종종 있어 괜찮으나 늦은 시간에는 방문하지 않도록 한다. 페르 라셰즈 묘지는 너무 넓어 낮에도 길을 잃을 지경인데 저녁 늦게 왔다가는 길을 헤매기 십상이다. 겉으로는 조각 공원처럼 보여도 분명히 이곳은 공동묘지다.

오르세 미술관은 원래 기차역이었다. 오르세 기차역은 1900년에 파리 만국박람회를 위해 문을 열었고 건축가 빅토르 라루가 설계했다. 라루는 세느 강 건너편에 있는 루브르 박물관 건물을 모방했다고 한다. 그 때문일까, 실제로 기차역이 미술관으로 바뀌는 일이 일어났다. 오르세 기차역은 개관한 뒤 40여 년간 기차역으로 사용되다가 폐쇄되었고, 이후 47년만인 1987년에 미술관으로 새롭게 문을 열었다.

오르세 미술관은 인상파 화가들의 그림이 전시된 곳으로 유명하다. 2층 전시장에는 르누아르, 모네, 마네, 피사로 같은 인상파 화가들의 작품이 전시되어 있다. 그 뒤로 고흐, 세잔, 마티스, 쇠라 같은 후기 인상파 화가들의 작품이 있다. 누가 뭐래도 오르세 미술관 최고의 스타는 고흐이다. 〈아를의 방〉, 〈별이 빛나

는 밤〉, 〈오베르 교회〉, 〈자화상〉 등의 작품 앞에는 항상 많은 사람이 몰려 있다. 고흐의 그림을 조용하게 감상하려면 이른 아침 미술관의 문이 열리는 동시에 2층 전시장으로 달려가야 한다. 예전에 〈모나리자〉를 보겠다고 이른 아침 루브르 박물관 입구에서 줄을 선 적이 있었다. 그런데 어느 남미계 아주머니가 먼저 와서 오들오들 떨며 기다리고 있었다.

오르세 미술관에서 벽에 걸린 커다란 시계와 반투명 벽 뒤로 지나가는 사람들의 그림자를 보는 것도 색다르다. 달리의 초현실주의를 반영한 인테리어라고 할까. 미술관 밖에서 보이는 커다란 시계는 오르세 미술관의 맨 위층에 있는 레스토랑에서 가까이 볼 수 있다. 다만, 진동하는 파이 냄새가 코를 자극할 수 있다.

즐거운 터키탕
체험기

파리에서 공중 목욕탕 가기

"나 파리에서 터키탕 갔다 왔어."

"터키탕?"

이 말을 들은 친구가 이상한 눈초리로 나를 바라보았다. 아마 몇 년 전 우리나라에서 퇴폐 업소로 철퇴를 맞은 그 터키탕을 떠올렸나 보다. 사실 멀쩡한 터키탕이 일본이나 한국에 이름만 들어와서 곤욕을 치루고 있다. 진짜 터키탕은 중동식 목욕탕을 말하는, 사우나가 아닌 열기 목욕탕일 뿐이다. 루브르 박물관에 있는 앵그르의 〈터키탕〉이란 그림을 보아도 살집이 오른 여인네들이 터키탕 안에서 목욕을 하는 장면뿐이다. 야한 상상 속의 터키탕 그림이 아니다. 그림 설명에는 '술탄의 간택을 기다리는 여인들의 어쩌고저쩌고……' 하는 미술사가의 해석이 있기는 하지만 그것은 어디까지나 목욕 후의 일로 터키탕과는 아무런 상관이 없다.

파리의 터키탕은 이슬람 사원 지하에 있었고 본래는 함맘 데 라 모스크 데 파리(Hammam de la Mosquée de Paris)라는 긴 이름을 가지고 있다. 지하철 7호선 플레이스 몽지 역에 내려 파리 자연사 박물관을 찾아가면 그 옆에 이슬람 사원이 있다. 이슬람 사원은 복합 건물로 이슬람 사원과 이슬람 레스토랑, 터키탕으로 이루어져 있다. 이슬람 레스토랑에서는 카레나 로티 같은 이슬람 음식을 맛볼 수 있고 물담배를 피워볼 수도 있다. 의외로 이슬람 레스토랑은 손님들로 붐벼 주말에는 자리를 잡기가 힘들 정도이다. 이슬람 사원이 같이 있으니 예배를 마치고 들르는 사람도 있을 것이다. 터키탕의 입구는 이슬람 레스토

랑 안에 있다. 이슬람 레스토랑 안으로 들어가 계산을 하는 카운터 왼쪽 초록색 나무 문이 터키탕으로 들어가는 문이다. 나무 문을 열고 들어가면 작은 대기실 이 나오고 대기실 문을 열어야 터키탕이다.

파리의 터키탕은 요일별로 남녀 전용으로 목욕탕을 운영하는데 남자는 화 요일과 일요일, 여자는 그 외 요일을 쓰고 있었다. 요금은 14유로로 싸지는 않 으나 색다른 체험이라고 생각하면 지불할 만하다. 오페라 가르니에 뒤쪽 어느 파사주 내에 있는 공중 목욕탕은 20유로나 했으니 그나마 싼 편이라고 할까. 터 키탕 카운터에서 계산을 마치고 보니 여기저기서 마사지를 받는 사람들이 보 였다. 이곳은 카운터 겸 마사지 룸이었다. 이들이 받고 있는 마사지는 이슬람식 마사지라고 하는데 요금은 10분당 10유로였다. 마사지하는 모습을 보니 이슬 람식 마사지나 중국 마사지나 그게 그거 같다. 마사지 룸을 지나 오른쪽으로 들 어가면 탈의실이 나온다. 탈의실이라고 해봐야 좁은 통로에 옷장이 놓인 것이

전부이다. 옷을 벗은 사람들은 저마다 커다란 수건이나 중동풍 문양이 있는 천으로 허리를 감았다. 나는 작은 수건밖에 가져오지 않아 마사지 룸에서 쓰는 큰 수건을 허리에 감고 샤워실로 들어갔다. 샤워를 하고 안쪽 룸으로 들어가니 넓은 온돌방 같은 곳이 나왔다. 뿌연 수증기가 가득 찬 온돌방 안에는 여러 사람들이 모여 있었다.

"아하~, 모두 허리에 수건이나 천을 감고 있네."

여기서 이슬람 사람들은 거시기를 덜렁이며 목욕을 하지 않는 것을 처음 알았다. 온돌방의 남자들은 모두 허리에 수건이나 천을 두르고 있었다. 온돌방에서는 사람들이 '이태리 타월' 비슷한 천으로 몸의 때를 벗겨냈다. 분명 이태리 타월은 아니고 일반 검정 천이다. 온돌방 벽에는 수도꼭지가 있어서 물을 끼얹으며 몸을 씻는다. 우리처럼 목욕탕 의자에 앉아 때를 벗기는 것이 아니라 온

돌방 같은 데에 철퍼덕 앉아 때를 벗기는 것이다. 바닥에 떨어진 때는 청소하는 사람이 돌아다니며 물을 뿌려 청소한다. 온돌방은 때를 벗기거나 누워서 쉬기도 하고 서로 마사지를 해 주기도 하는 다용도 룸이다. 온돌방을 지나 안쪽에 있는 것이 터키탕이란 말의 유래가 된 열기 사우나 룸이다.

터키탕 = 로마탕

터키탕은 원래 로마탕이었다. 중동에 터키탕 아니, 로마탕이 전해진 것은 모두 알렉산더 대왕의 정복욕 때문이었다. 알렉산더 대왕은 중동을 넘어 인도 코앞까지 정복했다. 이때 로마인들은 자신들이 이용하던 로마탕을 현지에 건설했는데 이것이 지금까지 남아 터키탕이 되었다고 한다. 반면에 로마에 있던 로마탕은 세월이 흘러 파괴되고 잊혀졌다. 터키탕의 특징은 온돌식으로 사우나 방을 만들고 땀을 내기 위해 핀란드식의 증기가 아닌 열기를 이용한다는 것이다. 터키탕 안의 열기 사우나 룸에 들어가면 벽의 하단에서 뜨거운 열기가 느껴진다. 그 열기로 방안 전체가 후끈 달아오르고 이내 온몸에서 땀이 나기 시작한다. 열기 사우나 룸의 중앙에는 냉탕이 있어 땀을 내다가 바로 찬물로 들어갈 수 있다. 그런데 열기와 찬물의 온도 차가 너무 커서 열기로 땀을 내다가 냉탕에 들어가면 물이 그렇게 차가울 수가 없다. 너무 차게 느껴져 잠시 냉탕에 들어갔다가 나올 수밖에 없는데 나오면 다시 강

렬한 열기가 온몸을 파고든다.

이곳에 온 사람들은 거의 파리의 이슬람인일 텐데 이렇게 사우나를 좋아하는 줄 몰랐다. 사람들은 열기 사우나를 하고 냉탕에 들어갔다가 나와 온돌방에서 때를 벗기고 마사지 받고, 다시 열기 사우나를 반복했다. 가히 사우나 마니아라고 할 만했다. 이런 풍경만 보면 우리의 찜질방이 파리에 진출해도 잘 될 것 같은 생각이 든다. 더구나 파리에는 공중 목욕탕 자체가 별로 없는 듯 보였다. 뷰티살롱에서 운영하는 목욕탕은 훨씬 더 비싸니 찜질방이 가격 경쟁력이 있을 것 같다. 여기에 터키탕에서는 삶은 계란이나 바나나 우유 등 먹을거리를 팔지 않으니 찜질방에서 먹을거리를 파는 자체가 화제가 될지도 모르겠다. 터키탕에는 이발소나 구두닦이도 없다. 파리에서 머리 깎는 비용은 한국 돈을 기준으로 남자가 3~4만 원, 여자가 4~5만 원 정도 하니 겁나게 비싼 가격이다. 어차피 때 빼고 광낼 거면 우리처럼 목욕탕에서 원스톱 서비스를 하는 것도 좋을 것이다.

이런저런 상상을 하면서 터키탕의 온돌방에 누워 있으려니 배가 고파졌다. 샤워를 하고 옷을 갈아 입고 나오니 이슬람 레스토랑에서 파는 카레 냄새가 진동했다. 파리의 터키탕을 이용한 사람 중에는 목욕을 마치고 나와 밥을 먹고 가는 사람도 있을 것이다. 아니면 중동에서 자주 마시는 따끈한 홍차에 물담배를 즐길 수도 있다.

파리의 터키탕 체험은 특별했다. 터키탕 안에 중동계 파리 사람들을 빼고 아시아 사람은 나 혼자였다. 어쩐지 카운터에서 계산할 때부터 "혹시 잘못 온 거 아니에요?" 하는 표정을 짓기는 했다. 힘 좋게 생긴 이슬람 사람들이 목욕탕에서 거시기를 무척 소중히 가린다는 것도 알았고, 무엇보다도 화끈한 열기 사우나를 하니 많이 돌아다녀 저리던 팔다리가 시원해져 좋았다. 그간 쌓였던 피로가 한순간에 풀린 느낌이다. 터키탕에 들어가기 전에는 이슬람 사람들은 터키탕 안에서도 코란을 암송할 것만 같았는데 실상은 저마다 때 벗기는 것에 열중할 뿐이었다. 터키탕이든 목욕탕이든 좋은 점은 탕 안에서 모두 벗고 허물없이 지낸다는 것이다. 벗고 서로를 바라보면 이슬람이나 파리 사람이나, 아시아 사람 모두 같은 인간임을 알게 된다.

마들렌 사원 뒤에 있는 포숑(Fauchon) 매장을 처음 찾았을 때는 화장품이나 향수를 파는 매장인 줄 알았다. 핑크 테마의 인테리어에 네온사인까지 있어 어느 명품 화장품 매장 못지않았다. 입구에 쌓아 둔 초콜릿과 과일 젤리가 든 캔은 화장품이나 향수 케이스를 떠올리게 했다. 그러나 실제 포숑은 1886년에 문을 연 파리에서 가장 유명한 식품 매장이다. 지하철 8호선, 12호선, 14호선이 교차하는 마들렌 역에 내리면 핑크빛 포숑 간판을 볼 수 있다.

포숑에서는 프랑스의 명물 푸아그라를 빼놓을 수 없다. 푸아그라는 거위나 오리의 간 요리를 말한다. 포숑 말고도 푸아그라를 살 수 있는 곳이 있지만 고급 제품을 원한다면 포숑에서 사는 것이 좋다. 푸아그라 외에 짓이긴 고기나 간을 요리한 파테, 잼인 콩피튀르 같은 것을 살 때에도 포숑에 들르는 게 좋다. 포

숑에서 선물용 초콜릿이나 과일 젤리를 구입하는 것도 나쁘지 않고, 베이커리에서는 빵을 판매하고 있어 포숑표 크루아상을 맛볼 수도 있다.

무엇보다도 포숑의 자랑은 홍차로, 그중에 애플티는 홍차의 중후한 맛에 사과의 싱그러움을 담은 것으로 잘 알려져 있다. 애플티는 스리랑카 홍차 잎을 잘게 잘라 사과 향을 첨가한 것이다. 지하층에는 와인 매장과 와인 바도 있다. 포숑에서 판매하는 와인은 좀 비싼 편인데, 그래도 품격 있는 선물이 필요하다면 포숑에서 와인을 구매하는 것도 나쁘지 않다. 아니면 지하철 9호선을 타고 생 오거스틴 역에 내려 르 카브 오그를 찾아가 보자. 이곳은 와인 도매상으로, 와인이 멋지게 진열되어 있지는 않지만 질 좋은 것을 싸게 살 수 있다. 포숑에서는 여러 제품을 구경하는 것만으로도 충분히 즐거운 시간을 보낼 수 있다.

생 마르탱 운하에서
유람선을 타고 고고씽

세느 강만 있냐! 생 마르탱 운하도 있다

파리 하면 세느 강이 먼저 떠오르지만 파리에는 세느 강뿐만 아니라 바스티유에서 라 빌레트 공원을 연결하는 생 마르탱 운하도 있다. 예전에 에펠탑에서 시테 섬을 오가는 세느 강 유람선을 탄 적이 있으니 이번에는 한적한 생 마르탱 운하를 유람해 보기로 했다. 생 마르탱 운하의 유람선은 바스티유 아래 아스날 항구나 파리 북쪽의 라 빌레트 공원에서 출발한다. 생 마르탱 운하가 복개되어서 그렇지 사실은 바스티유 광장 지하로도 흐른다.

지하철 1호선을 타고 바스티유 역에 내리면 살짝 보이는 항구가 바로 아스날 항구이다. 생 마르탱 운하 유람선의 출발 시간은 오전 9시 30분이다. 9시가 되기 전에 아스날 항구에 내려갔는데 유람선만 덩그러니 있고 사람들은 보이지 않았다. 유람선 매표소가 없어 관계자인 듯한 사람에게 물으니 나중에 승선과 함께 유람선에서 표를 판다고 한다. 9시 30분이 다 되도록 사람이 없더니 선장이 "승선하세요." 하고 소리치자 어디선가 봉고차가 단체 손님을 태우고 나타났다. 단체 손님들이 유람선에 타기 전에 얼른 유람선에 먼저 올라 표를 사는데 신용카드는 받지 않았다. 할 수 없이 남은 현금을 탈탈 털어 주고 표를 샀다.

유람선 2층으로 올라가 자리를 잡았다. 승객은 30여 명에 불과했는데 다들 파리 사람들이 아닌지 프랑스어가 아닌 말로 떠들고 있었다. 그중에는 러시아 사람인 듯한 사람들도 보였다. 한때 유가 급등으로 러시아 경제가 좋아져 파리나 런던의 관광지에서 쉽게 러시아 관광객들을 볼 수 있었다. 석유와 천연가스가 풍부한 러시아는 서유럽 국가로 가는 최대의 천연가스 공급원이다. 가난했던 구소련 시절에는 서유럽 국가로 관광 가는 일은 생각도 못할 일이었다. 러시아 사람 못지않게 유럽의 관광지에 부쩍 늘어난 관광객들은 중국 사람들이다. 중국 역시 급속한 경제 발전과 해외 여행 자유화로 인해 유럽 관광지의 큰손으로 통하고 있다. 중국 여행객들은 아직 복장 면에서는 촌스럽지만 통 크게 쇼핑하는 것으로 유명하다.

승객들이 자리를 잡자 유람선이 고동을 뿌뿌~ 하고 울리며 출발했다. 생마르탱 운하 유람선은 곧바로 복개된 바스티유 광장 속으로 들어갔다. 모처럼 파란 하늘인데 유람선을 타자마자 어둠 속으로 들어가는 게 아쉬웠다. 복개된 운하 속에는 곳곳에 지상과 통하는 환기통을 뚫어 놓아 특유의 물 냄새는 나지 않는다. 유람선을 타고 10여 분 갔을까. 복개된 운하를 빠져 나가니 에크르스 두 템플 지역으로 이어졌다. 이곳에 운하의 수위를 높여줄 도크가 있다. 바스티유의 아스날 항구에서 라 빌레트 공원까지는 도크를 이용해 점차 수위를 올려

가며 항해한다. 유람선이 도크 안으로 들어가자 뒷 도크의 문이 잠기고 물이 채워지기 시작한다. 도크 옆을 보니 운하에 사는 작은 새가 도크 벽에 구멍을 뚫어 집을 짓고 살고 있었다. 작은 새는 물이 채워지고 빠지는 시끄러운 환경 속에서도 열심히 먹이를 물어 구멍 속의 집으로 들락날락거렸다. 미끄러운 도크 벽에 집이 있으니 뱀이나 수달 같은 천적이 침입하는 일은 없을 것이다. 도크를 빠져나가면 철제 구름다리가 보이는데 이것은 1884년~1885년 사이에 지어진 퐁 토르난이다. 구름다리 위에서는 생 마르탱 운하 유람선이 신기한 듯, 지나가던 사람들이 걸음을 멈추고 유람선을 바라보았다.

운하 옆으로는 울창한 가로수가 심겨 있어 잘 보이지 않으나 부티크와 갤러리, 카페 등이 있어 파리 사람들이 즐겨 찾는다고 한다. 유람선을 타고 가면서 보니 운하를 따라 조깅을 하거나 운하 주변 공원에서 운동을 하는 사람들이 있다. 운하 주변에서는 유모차에 아기를 태우고 산책 나온 아주머니들이 쉬면서 유람선에 탄 여행자들을 구경했다. 생 마르탱 운하를 유람하는 것이 아니라 운하가 사람들에게 유람을 당하는 것 같았다. 다시 구름다리와 도크가 나와 운하의 수위를 올렸다. 이곳은 에크르스 데 르콜렛트 지역이었다. 유람선 오른쪽으로 프랑스 영화 〈오텔 두 노르드(북 호텔)〉에 나왔다는 '오텔 노르드(북 호텔)' 가 살짝 보였다. 노르드가 '북'을 뜻하니 북역이 가까이 있겠다 싶지만 실은 동역이 더 가까이에 있다.

유람선 안에는 커피나 맥주를 파는 간단한 매점이 있다. 사람늘은 운하 밖 풍경을 구경하고 사진을 찍고 쉬면서 따끈한 커피를 마신다. 유람선의 제일 앞에 앉은 사람들은 도크의 물이 채워질 때마다 물보라가 튀어 커피잔을 들고 안으로 대피해야 했다. 나도 가방에서 바나나를 꺼내 먹으며 운하 주변의 여유로운 풍경을 구경했다. 유람선 여행은 3시간 동안 유람선에서 풍경을 보는 것 외에는 할 일이 없기 때문에 모처럼 휴식의 시간이 되었다. 도심에서의 3시간 여행이라면 내내 도시를 부지런히 돌아다니고 있을 것이다. 유람선 여행에서는 느긋하게 의자에 몸을 기대어 운하 밖 풍경을 향해 카메라 셔터만 누르면 됐다. 유람선은 생 마르탱 운하의 위쪽으로 더 올라갔고 또 하나의 도크가 나타났다. 이곳은 에크르스 데 모르트이다. 마침 맞은편에서 빌레트에서 출발한 유람선이 다가왔다. 우리 유람선은 그 유람선이 지나가길 기다렸다가 도크로 들어갔다. 생 마르탱 운하의 대부분은 폭이 좁아서 두 대의 유람선이 동시에 지나갈 수 없다. 이제 이 도크만 통과하면 빌레트에 도착하게 된다.

종착지는 라 빌레트 공원

에크르스 데 모르트 도크를 통과하면 운하가 넓어진다. 이곳은 바신 드 라 빌레트(빌레트 선착장) 지역으로 1860년경에 세워졌다는 옛 건물들이 보인다. 이곳은 옛 건물뿐만 아니라 운하 주변으로 영화관이나 레스토랑이 있어 파리 시민들의 휴식처가 되고 있다. 멀리 앞쪽으로는 철제 도개교가 보인다. 철제 도개교는 평소에는 다리를 내리고 있다가 유람선이 오면 다리를 들어 올린다. 도

개교에 무슨 센서가 있는지 어느 정도 유람선이 다가가면 다리가 자동으로 올라간다. 도개교를 통과하면 라 빌레트 공원이 보인다. 유람선은 라 빌레트 공원 안쪽 막다른 운하 끝에서 승객을 내려 준다.

라 빌레트 공원에는 제오드라는 커다란 구형 건물이 있다. 제오드는 옴니맥스 영화관으로 반구형의 180도 스크린을 통해 아이맥스 영화를 볼 수 있다. 그 뒤 유리로 된 건물이 빌레트 과학 산업관인데, 앞에는 '아르고'라는 프랑스 잠수함이 놓여 있다. 아르고를 보면 쥘 베른의 공상 과학 소설 〈해저 2만리〉에 나오는 노틸러스 잠수함이 떠오른다. 소설에서 네모 함장은 노틸러스 잠수함을 타고 신비한 바닷속을 탐험했다.

라 빌레트 공원에는 조깅을 하는 사람들이 많다. 대개 둘셋씩 누리를 시

어 달렸다. 잔디밭에는 내일의 앙리를 꿈꾸는 청년들이 땀을 뻘뻘 흘리며 축구를 했다. 우리는 잔디밭에서 축구해 보는 게 소원인데 이곳에서는 동네 청년들이 잘 관리된 잔디밭에서 마음껏 축구를 하고 있다. 어쩌면 파리 청년들은 맨땅에서 축구하는 것은 상상하지 못할 수도 있겠다. 소풍을 나온 가족들은 나무 그늘 아래에 모여 이야기꽃을 피우고 아이들은 넘어져도 다칠 우려가 없는 푹신한 잔디밭을 마음껏 뛰어 다닌다. 이런 풍경은 생 마르탱 운하와 어울려 한 편의 그림을 보는 듯하다. 생 마르탱 운하 유람에서는 우리에게 익숙한 에펠탑이나 시테 섬을 볼 수는 없어도 보통 파리 사람들의 평범한 일상을 볼 수 있어 좋다. 복잡하고 소란스러운 세느 강 유람보다 한산하고 느긋한 생 마르탱 운하 유람을 권한다.

몽 생 미셸로 가는 길에 프랑스 고속 전철인 테제베(Train à Grand Vitesse, TGV)를 탔다. 요즘 운행되는 테제베는 2층 좌석이 있는 테제베 듀플렉스라는 최신 기차이다. 테제베는 한국 고속 철도의 모델이기도 해서 반가웠다. 테제베의 좌석은 중간을 기점으로 서로 마주보게 되어 있다. 어느 한쪽 좌석은 기차의 진행 방향과 반대로 앉게 되는데 파리 사람들은 이에 별로 신경 쓰지 않았다. 한국에서는 반대로 앉는 좌석 때문에 어지럽다, 피로감을 느낀다는 등 말이 많다.

테제베는 방음과 저진동 때문인지 빨리 달린다는 느낌을 받지 못했다. 아니면 평일 낮 시간이어서 빨리 달릴 필요가 없었든지. 테제베에는 안내 직원이 없고 단지 검표하러 다니는 차장만 보였다. 테제베를 비롯한 프랑스 기차를 이용할 때는 기차에 타기 전에 기차표를 꼭 체크기에 통과시켜야 한다. 프랑스 기

차역에는 탑승 게이트나 검표 요원이 따로 없다. 차장은 체크가 안 된 내 표를 보더니 이번만 봐준다고 큰 소리를 친다. 잘못하면 무임 승차로 오인될 수 있으니 꼭 주의하자.

프랑스에서 장거리를 갈 때 테제베를 이용하면 빨라서 좋으나 가격이 좀 비싸서 부담스럽다. 프랑스에는 장거리 버스라는 것이 없으니 울며 겨자 먹기로 테제베를 이용할 수밖에 없다. 아마 자가용이 일상화되어 그런가 보다. 테제베나 일반 기차는 미리 인터넷을 통해 예약하면 싸게 이용할 수 있다. 당일 표가 가장 비싸고 환불과 변경이 되지 않는 르와지아(Roisir) 표가 가장 싸다. 기차 매표소에는 프랑스어 외 영어나 스페인어 등에 능통한 매표원을 따로 두고 있으니 그나마 언어의 불편을 줄일 수 있다.

다빈치
코드 투어

사건의 시작

　　　루브르 박물관의 수석 큐레이터 자크 소니에르가 벌거벗은 채 박물관에서 발견된다. 그는 자신의 피로 배꼽을 중심으로 오각형 별을 그린 뒤 알 수 없는 암호를 적어 놓았다.

　　13-3-2-21-1-1-8-5
　　오, 드라코 같은 악마여(O, Draconian devil!)
　　오, 불구의 성인이여(Oh, lame saint!)

　　마침, 파리에 와 있던 하버드대의 기호학자 로버트 랭던이 사건 현장에서 발견된 암호 끝에 쓰인 'P. S 로버트 랭던을 찾아라.'라는 것으로 인해 범인으로 오인된다. 랭던은 소니에르의 손녀이자 기호학자인 소피 느뷔와 함께 숨겨진 진실을 찾기 시작한다.

　　이상은 영화 〈다빈치 코드〉의 도입부 내용이다. 하필이면 왜 이야기의 시작이 루브르 박물관일까. 루브르 박물관은 9·11테러 이후 경비가 심해져 기관총을 든 무장 경찰이 지키고 있다. 그 이전에도 루브르 박물관에 입장하려면 가방 검사와 함께 금속 탐지기를 통과해야 했다. 영화 속 소니에르는 루브르 박물관 검색을 몰래 통과한 누군가의 권총을 맞고 죽었다. 영화 〈박물관이 살아 있다〉에서는 밤이면 자연사 박물관의 공룡이나 글래디에이터 모형이 살아 움직인다는 판타지를 다루고 있다. 황당한 설정이지만 시간을 죽이는 영화로는 그만이다. 그 이유는 박물관이라는 곳이 역사와 사연을 가진 것들을 전시하는 곳이기 때문이다. 하물며 세계 제일의 박물관이라는 루브르 박물관의 전시품 중에 이런 사연 없는 것이 있을까. 〈다빈치 코드〉에서 랭던은 머리를 싸매고 고심한 끝에 아나그램을 써서 암호를 해독해 낸다.

1-1-2-3-5-8-13-21
레오나르도 다 빈치!(Leonardo da vinci!)
모나리자!(The Mona Lisa!)

소니에르가 말하고자 하는 암호 속의 핵심 인물은 이탈리아의 과학자이자 화가인 레오나르도 다 빈치였다. 이 영화 속에서는 다 빈치의 〈모나리자〉, 〈암굴의 성모〉, 〈최후의 만찬〉 등의 작품이 사건을 풀어 주는 힌트로 나온다. 그중에 〈모나리자〉는 남성 신 아몬(AMON)과 고대 그림 문자로 리자(L'SA)라고 부르는 여성 신 이시스를 합한 이름이라는 것이 밝혀진다.

AMON+L'SA = MONA LISA

따라서 〈모나리자〉의 모습이 왼쪽은 남성성, 오른쪽은 여성성을 나타내며 궁극적으로는 레오나르도 다 빈치의 변형된 자화상이라는 결론을 내린다.

그러지 않아도 유명세를 가진 〈모나리자〉는 영화 〈다빈치 코드〉로 인해 황당한 미스터리까지 더해져 이제는 가까이에서 보기 더 힘들어졌다. 이른 아침 제일 먼저 루브르 박물관에 도착해 〈모나리자〉를 보리라 결심하고 유리 피라미드 앞으로 갔더니 남미계 한 아주머니가 오들오들 떨며 "나, 일빠~"를 외치고 있었다. "대체 몇 시에 나온 거야." 얼마를 기다려 드디어 루브르 박물관의 문이 열리고 표를 사서 〈모나리자〉가 있는 드농관 2층으로 달려갔다. 우선 〈모나리자〉의 증명사진부터 찍어 놓고 랭던이 말하던 모나리자 뒤 배경의 그림을 자세히 살펴보았다. 랭던의 말로는 왼쪽 풍경을 낮게 그려 모나리자를 부각시키려는 시도였다고 한다. 하지만 눈썹을 태워 먹은 모나리자는 아무리 봐도 랭던이 말하는 남성성을 찾아보기는 힘들었다. 그냥 여자면 여자지, 남성과 여성의 합체라니. 하긴 고대 인도 설화인 라마야나에 등장하는 아수라가 바로 남성과 여성의 합체이긴 하다. 그건 어디까지나 설화이고, 과학적으로는 랭던의 말이 맞는 것인지 알 수 없다. 남성과 여성에게는 남성과 여성 호르몬이 같이 있어, 남성은 나이가 들수록 여성 호르몬이 늘어나고 반대로 여성은 남성 호르몬이 늘어난다고 한다. 과학적으로는 남성성과 여성성의 합체가 맞는 말인 듯하다.

로즈라인을 찾아서

랭던은 레오나르도 다 빈치가 시온 수도회의 수장이었고 성배는 결국 로즈라인 아래에 있음을 알게 된다. 로즈라인은 북극과 남극을 일직선으로 연결하는 가상의 선인 자오선이다. 〈다빈치 코드〉에서는 파리의 생 쉴피스 성당에 있는 로즈라인을 말하고 있다. 생 쉴피스 성당은 〈다빈치 코드〉가 아니었으면 단지 들라크루아의 먼지 쌓인 성화가 있는 성당으로만 알려졌을 것이다. 하지만 이제는 〈다빈치 코드〉의 로즈라인이 있는 성당으로 사람들을 불러 모으고 있다. 생 쉴피스 성당에는 실제 금색의 라인이 있기는 하다. 금색의 라인을 따라가면 생 쉴피스 성당에 있던 그노몬이라는 해시계에 대한 설명이 있다. 그노몬은 해시계의 일종으로 정오에 나타나는 그림자의 길이에 따라 계절의 정도를 판단하던 것이다. 따라서 실제로 그노몬의 금색의 라인은 로즈라인은 아니다. 아무려면 어떠랴. 생 쉴피스 성당에 들어온 사람들은 누가 뭐래도 〈다빈치 코드〉의 로즈라인이라 여기고 싶어한다.

하긴 수많은 유럽의 성당을 둘러보았지만 생 쉴피스 성당처럼 성당 안에서는 해시계를 본 적은 없다. 혹시 해시계로 위장한 로즈라인이 맞는 것은 아닐까. 영화에서는 로즈라인 아래 다음과 같은 성경 글귀를 적어 놓았다.

GNOMON ASTRONOMICUS
Ad Certam Paschalis
Æquinoctii Explorationem

Quid mihi est in Cœlo: et a te quid
volui super terram: deus cordis
mei et pars mea deus in Æternum

Que dois je chercher dans le Ciel:
et qu'est ce que je puis desirer
sur la Terre: si non, vous-même
Seigneur, vous êtes le Dieu de
mon cœur et l'Heritage que j'espere
pour l'Eternité.

OPUS D. O. M. SACRUM

Ecce mensurabiles posuisti
dies meos, et substantia mea
tanquam nihilum ante te.

C'Est ainsi Seigneur que vous
avez donné des bornes à nos
jours, et toute notre vie est
rien à vos yeux.

SOLSTITIUM ÆSTIVUM

NUTATIONE AXIOS TERREN
OBLIQUITATE ECLIPTICÆ.

욥기 38:11

'네가 여기까지 오고 넘어가지 못하리니 네 교만한 물결이 여기 그칠지니라.'

하지만 실제 성당 안 금색의 라인 아래에는 별다른 말은 없다. 영화에서는 생 쉴피스 성당의 창문에 있는 P와 S가 시온 수도회(Priory of Sion)의 약자라고 주장한다. 하지만 실제로는 생 쉴피스 성당의 성인인 피터(Peter)와 쉴피스(Sulpice)를 뜻한다. 이런 것을 보면 〈다빈치 코드〉의 저자인 댄 브라운이라는 사람의 상상력은 대단한 것 같다. 하지만 아직 방심하긴 이르다. 생 쉴피스 성당은 이전에 생 제르맹 데 프레 수도원이 있던 자리에 세워졌고 그 수도원에서는 이시스 여신상을 성모 마리아로 모셨다고 한다. 우연의 일치 같지만 랭던의 〈모나리자〉 설명에서 이시스 여신의 이야기가 나왔고, 이시스 여신에서 막달라 마리아, 막달라 마리아와 예수의 관계, 예수의 후손, 여성, 소피라는 결론까지 이끌어 내는 시초가 된다. 아마 댄 브라운이 여러 파리의 성당에 대해 조사해 본 끝에 이야기의 소재로 생 쉴피스 성당을 택한 것이 아닐까 싶다.

마지막에 소피는 예수의 후손인 성배로 인식되어 시온 수도회의 보호를 받게 된다. 파리로 돌아온 랭던은 면도를 하다가 퍼뜩 떠오른 로즈라인을 따라 파리 거리를 헤맨다. 결국 사건의 시작이 된 루브르 박물관까지 오게 되고 유리 피라미드 앞에 선다. 랭던은 별들이 빛나는 밤하늘과 유리 피라미드 아래 작은 피라미드를 바라본다. 그 아래 진짜 성배인 막달라 마리아가 잠들어 있다는 것을 암시하면서 이 영화는 끝을 맺는다. 유리 피라미드를 세웠던 건축가 이오 밍 페이는 이 엄청난 사실을 알고 있었던 것일까. 하필이면 로즈라인이 통과하는 지점에 유리 피라미드를 세운 것일까. 정말 작은 피라미드 밑에는 무언가 있는 것일까.

파리에서는 공용 자전거인 벨리브(Vélib)를 흔히 볼 수 있다. 2007년에 도입된 벨리브 시스템은 일정 요금을 내고 언제, 어디서나 공용 자전거를 탈 수 있게 한 것을 말한다. 파리 시내 곳곳에 있는 벨리브 주차장에서 공용 자전거를 꺼내 탄 뒤, 목적지 근처의 벨리브 주차장에 갖다 놓기만 하면 된다. 벨리브 외에 개인 자전거를 타는 사람들도 많다. 그래서인지 주요 건물 주위에는 한두 개의 자전거 주차장이 꼭 있다. 주차된 자전거에는 우리가 흔히 보는 얇은 자전거 열쇠가 아닌 굵은 쇠사슬이 걸려 있다. 파리에도 자전거 도둑이 기승을 부리나 보다.

파리에서 중고 자전거의 가격은 자전거의 인기에 비례해 매우 비싸다. 중고 자전거의 가격이 한화 기준으로 30~40만 원에 달한다. 비록 기어가 있기는 해도 일반 중고 자전거에 불과한데 말이다. 이처럼 자전거 가격이 비싸 공용

자전거인 벨리브를 더 찾게 되는지도 모르겠다. 한국에서는 지하철역마다 방치된 자전거가 수천 대에 달하니 나라마다 사정에 따라 자전거의 운명이 달라진다.

파리의 휴일에는 도로에 차가 적다. 대신 도로에서 롤러스케이트를 타는 사람들을 볼 수 있다. 애어른 할 것 없이 건강을 위해 롤러스케이트를 즐긴다. 가끔 주중에도 롤러스케이트를 타고 출근하는 사람도 있다. 재미있는 것은 파리의 경찰도 롤러스케이트를 탄다는 것이다. 경찰들은 주말에 롤러스케이트를 타고 차량 통행이 금지된 도심을 돌아다닌다. 파리에서 자전거나 롤러스케이트를 탈 수 있는 것은 자동차 운전자들의 양보가 있어서 가능하지 않나 싶다. 파리의 운전자들은 평소에도 도로에서 보행자나 자전거, 롤러스케이트가 안전하게 갈 수 있도록 배려해 주는 듯하다.

몽마르트르 언덕 주변을 둘러보는 산책 코스
물랭루즈에서 달리 미술관까지

피갈 거리는 참으세요

파리에서 제일 높은 언덕인 몽마르트르 언덕은 예술가들의 고향으로 알려져 있지만 몽마르트르 언덕 아래에는 외설과 퇴폐의 피갈 거리도 있다. 그래서 예술과 외설은 종이 한 장 차이인지 모르겠다.

몽마르트르 언덕 주변을 둘러보는 산책 코스는 물랭루즈를 출발해 에로티시즘 박물관 → 반 고흐의 집 → 와이너리 → 사크레쾨르 성당 → 테르트르 광장 → 달리 미술관 → 아베스 광장까지이다. 우선 물랭루즈로 가기 위해서는 지하철 2호선을 타고 블랭쉬 역에 내린다. 물랭루즈는 댄서들이 다리를 치켜드는 프렌치 캉캉춤으로 유명한 카바레이다. 한국에서는 카바레가 중년들이 가는 나이트클럽쯤으로 인식되지만 원래 카바레는 성인층을 대상으로 춤과 노래를 공연하는 극장이다. 따라서 물랭루즈는 약장사가 "애들은 가라" 하듯이 19금 업소이며 성인 남녀 모두가 즐길 수 있는 장소이다. 물랭루즈 아래로 가면 분위기가 급격히 합법과 불법의 사이를 오가는 것을 알 수 있다. 이곳은 피갈 거리로 예부터 성인 업소가 밀집되어 있다.

피갈 거리에서 가장 건전한 업소는 에로티시즘 박물관으로 세계의 관광지 중 어디에나 한 군데쯤 있는 성 박물관이다. 세계 각국에서 모은 성 관련 인형과 모형들을 전시하고 있는데 조잡한 모형이어서 실망할 수 있다. 박물관을 구경하지 않더라도 기념품 매장에서 특수 스타킹, 성기 모형, 수갑, 채찍 등을 구입할 수 있다. 피갈 거리에서 흔한 것은 라이브쇼(?)나 훔쳐 보기인 핍쇼(Peep show) 등이다. 성인용 DVD방도 여럿 있는데 왠지 음침한 것이 괜히 기웃거렸다가는 몽마르트르의 깡패에게 두들겨 맞고 돈만 빼앗길 것 같다.

어느새 피갈 거리의 삐끼 아저씨와 아주머니가 나의 팔을 잡고 좋은 것을 보여 준다고 성화를 부렸다. 이들은 영어로, 일어로, 중국어로 호객 행위를 했다. 피갈 거리에서는 삐끼를 하려면 적어도 3개 국어는 알아야 할 것 같다. 겨우 이들을 물리치고 물랭루즈 옆 르픽 거리로 올라갔다.

물랭루즈

에로티시즘 박물관

아멜리에가 가던 카페

　　르픽 거리를 올라가다 왼쪽에 있는 카페는 영화 〈아멜리에〉에 나왔던 레 되 물랑 카페(Café des deux Moulin)이다. 〈아멜리에〉는 프랑스판 〈엽기적인 그녀〉류의 발랄한 이야기를 보여 주었다. 극 중 아멜리에로 나왔던 오드리 토투는 영화 〈다빈치 코드〉에서 소피 느뷔로 나오기도 했다. 세월이 지나서일까. 〈다빈치 코드〉에서 오드리 토투는 예전의 발랄했던 이미지는 사라지고 성숙한 여인의 모습을 보여 주었다. 레 되 물랑 카페 안에는 커다란 아멜리에 사진이 붙어 있어 영화에 나온 그 카페임을 단번에 알 수 있다. 이 카페를 지나 왼쪽으로 휘어지는 언덕길에 고흐의 집이 있다. 정확히 말하자면 고흐가 하숙하던 집으로 동생 테오와 함께 지냈다. 고흐는 몽마르트르에 살며 베르나르, 로트레크 등의 화가들과 교류했다.

　　르픽 거리는 몽마르트르 언덕으로 올라갈수록 가파르다. 몽마르트르 언덕의 두 개의 풍차가 있는 곳을 지나 언덕을 넘어가면 담으로 둘러싸인 생 뱅상 묘지가 나오고 그 옆에는 파리의 유일한 와이너리가 보인다. 와이너리는 조금 넓은 동네 텃밭 수준인데 포도나무는 그리 크지 않다. 와이너리가 아니라면 그냥 채소밭으로 알았을 것이다. 와이너리 아래에는 '오 라파 아질르'라는 오래된 카페가 있어

레 되 물랑 카페　　　　　오 라파 아질르　　　　　와이너리

쉬어 가면 좋을 듯하다. 카페는 나무로 지어져 동화 〈헨젤과 그레텔〉에 나오는 과자로 된 집처럼 느껴진다. 와이너리에서 길을 따라 몽마르트르 언덕을 올라가면 사크레쾨르 성당이 나온다. 사크레쾨르 성당은 온통 흰색이어서 파리 어느 곳에서나 한눈에 보인다. 이 성당은 1919년에 봉헌되었는데 프러시안과 보불 전쟁의 패배에 대한 반성으로 세워졌다고 한다. 사크레쾨르 성당 옆의 건물은 생 피에르 성당이다. 사람들은 대개 사크레쾨르 성당 앞 계단에 앉아 파리 시내를 내려다본다. 사크레쾨르 성당 앞은 언제나 사람들이 많아 거리 예술가들이 공연을 하며 푼돈을 버는 장소이기도 하다.

생 피에르 성당 앞이 테르트르 광장으로 예부터 거리의 화가들이 관광객들의 초상화를 그려 주던 곳이다. 테르트르 광장 주변으로는 노천카페가 즐비해 사람들은 와인을 마시며 혼잡한 몽마르트르의 한때를 즐긴다. 이곳을 찾아간 날 거리

샤크레쾨르 성당

달리 미술관

의 예술가인 한 여자가 뮤직박스를 틀어 놓고 샹송을 부르고 있었다. 테르트르 광장 아래쪽으로 내려가면 건물 지하에 달리 미술관이 있다. 스페인 사람인 달리는 한때 몽마르트르에서 초현실주의풍의 그림을 그리며 지냈다. 달리 미술관은 몽마르트르에만 있는 것이 아니라 런던이나 스페인에도 있어서 그의 인기를 실감할 수 있다. 달리 미술관에서 아래로 내려가면 에밀 구도 광장에 다다른다. 에밀 구도 광장의 한편에 피카소, 달리, 고흐 같은 화가들이 모여 그림을 그렸던 아틀리에 건물이 남아 있다. 파리 시내 어디든 갈색의 역사 게시판이 세워진 곳은 역사적 사연이 있는 곳이고, 건물에 파랗고 둥근 명패가 붙은 곳은 명사가 살던 집이란 표시다. 하지만 문제는 파리에 역사 게시판과 명패가 너무 자주 보인다는 것이다. 따지고 보면 파리 시내에 역사적 사연이 없는 곳이 없고 명사가 살지 않았던 동네가 없는 것 같다.

에밀 구도 광장에서 더 내려가면 아베스 광장이다. 아베스 광장에 있는 지하철 아베스 역의 입구가 아르누보 건축가인 기마르가 설계한 것이다. 몽마르트르는 예술가들이 모여 작업을 했던 낭만의 거리인 동시에 환락이 판을 치는 유흥가이기도 했다. 지금도 몽마르트르에는 그 시절의 낭만을 찾아 몽마르트르 언덕을 오르는 사람들이 모여들고, 물랭루즈에서는 야한 춤이 계속해서 공연되고 있다.

아틀리에 건물

아베스 역

아베스 광장

LE MOULIN DE LA GALETTE
RESTAURANT
33

Paris
V. 파리 근교 나들이

베르사유의
장미

근위 대장 오스칼

프랑스 혁명 당시, 베르사유에 살았던 루이 16세와 마리 앙투아네트는 분노한 시민들에게 이끌려 파리로 가야 했다. 파리에 온 루이 16세와 마리 앙투아네트는 시테 섬의 콩시에르쥬리에 갇히게 되고 끝내 콩코르드 광장의 단두대에서 생을 마감한다. 이와 같은 역사적 사실을 만화로 풀어낸 것이 바로 이케다 리요코 원작의 〈베르사유의 장미〉이다. 주인공 오스칼은 왕실 수호 가문인 자르제 가문의 딸로 태어났으나 아버지 자르제 장군은 그녀가 강한 아들로 자라기를 바란다. 세월이 흘러 루이 16세에게 오스트리아 황녀인 마리 앙투아네트가 시집오고 오스칼은 그녀의 근위대장이 되어 베르사유 궁전에 들어간다.

베르사유 궁전은 파리 남쪽에 있다. 몽파르나스 역에서 SNCF 기차를 타고 베르사유 역에 내려 베르사유 궁전까지 걸어갔다. 베르사유는 한적한 파리 근교 도시이다. 유명한 베르사유 궁전 때문에 거리가 인산인해를 이룰 거라는 예상과 달리 거리는 한산한 편이다. 부지런히 걸으니 대로가 나오고 멀리 베르사유 궁전이 보인다. 베르사유 궁전은 '크다'보다는 '넓다'라는 표현이 적절하다. 야트막한 언덕에 U자 형태로 건물들이 세워져 있는데 이러한 구조는 방어에 취약하다. 궁전을 둘러싸야 할 성벽이 보이지 않고 해자 역할을 하는 연못도 없다. 그냥 낮은 언덕에 덩그러니 궁전이 있으니 누구나 들어가려고 하면 들어간 수 있었을 것이다. 이 때문에 프랑스 혁명 때 굶주린 파리의 시민들이 베르사유 궁전에 난입해 마리 앙투아네트에게 "우리에게 밥을 달라."고 할 수 있었던 것이다. 〈베르사유의 장미〉에서 루이 16세에게 시집온 마리 앙투아네트는 처음

에는 뛰어난 미모와 재치로 사람들의 인기를 얻었다. 하지만 점차 폴리냐크 부인 같은 간교한 이의 부추김으로 사치에 빠져들었고 스웨덴 귀족 페르송과 바람이 나기에 이른다. 근위대장 오스칼은 페르송을 보고 첫눈에 반하지만 페르송은 마리 앙투아네트만을 마음에 품고 있었다. 오스칼이 페르송을 짝사랑할 때 오스칼을 짝사랑하는 사람이 있었는데, 그는 오스칼의 유모의 손자이자 소꿉친구인 앙드레였다. 앙드레는 언제나 오스칼의 곁에 머물며 오스칼을 지켜 주는 수호천사 같은 존재였다.

호화로운 거울의 방

프랑스 혁명 전후 파리 시민들이 굶주림에 허덕일 때에도 베르사유 궁전에서는 화려한 무도회가 열렸다. 베르사유 궁전에서 제일 호화로운 '거울의 방'에서의 무도회는 귀족이라면 한 번쯤은 참석하고 싶은 것이었다. 베르사유 궁전의 주랑을 17개의 아치형 거울과 357개의 작은 거울, 천장의 프레스코화로 장식한 곳이 거울의 방이다. 주랑의 길이는 무려 73m에 달하고 폭은 10.5m, 높이는 13m로 주랑의 중앙에 커다란 샹들리에가 줄지어 걸려 있다. 거울의 방에 오기 전에 들르게 되는 풍요의 방, 비너스의 방, 디안느의 방, 마르스의 방, 머큐리스의 방, 아폴론의 방, 전쟁의 방 등은 맛보기에 불과하다. 거울의 방에서 샹들리에에 불을 밝히고 무도회를 열면 불빛이 거울에 반사되어 환상적인 분위기가 펼쳐질 것만 같다. 상상 속이지만 무도회에 초대된 선남선녀들이 음악에 맞추어 왈츠를 추는 장면이 아름답게 그려진다.

실제 거울의 방에서는 1770년 5월에 마리 앙투아네트와 루이 16세의 결혼을 기념하는 가면무도회가 열렸다. 당시 마리 앙투아네트의 나이가 14세, 루이 16세는 16세에 불과했다. 거울의 방을 지나면 왕비의 침실이 나오는데 마리 앙투아네트 시절의 모습을 그대로 복원한 것이다. 왕비의 침실은 온통 금색으로 칠해져 있고 커다란 거울과 레이스 달린 침대 커튼까지 전형적인 공주님 방이라고 할 수 있다. 시간이 지날수록 사람들이 점점 많아져서 때때로 떠밀리듯 베르사유 궁전을 구경하게 되기도 한다. 관광버스를 타고 온 관광객들은 베르사유 궁전의 광장에서 입장을 기다리는 줄을 점점 늘려갈 뿐이다.

베르사유 궁전 뒤쪽으로 나가면 왼쪽에 '스위스인의 연못'이라는 호수가 보인다. 연못이라는 이름에 걸맞지 않게 꽤 넓은 호수여서 시원해 보인다. 호수를 지나 앞쪽에는 100만m²가 넘는 광대한 넓이의 베르사유 정원이 있다. 베르

사유 궁전에서 정원으로 가는 중앙 도로는 왕의 산책로라 이름 붙여진 길이다. 왕의 산책로 끝에는 아폴론 분수가 있고 그 앞에 십자형의 거대한 운하가 보인다. 운하 좌우로는 울창한 나무들이 심겨 있고 운하 오른쪽으로 가면 이탈리아식 이궁인 그랑 트리아농과 프티 트리아농이 있다. 트리아농은 마리 앙투아네트가 살았던 곳이기도 하다. 베르사유 정원이 너무 넓어 트리아농까지는 꽤 멀게 느껴진다. 땡볕에서는 걸어가기 힘들 정도인데 다행히 베르사유 궁전에서 운영하는 관람차가 있으므로 이용한다.

만화 〈베르사유의 장미〉에서는 스웨덴 귀족 페르송이 콩시에르쥬리에 갇힌 마리 앙투아네트를 구출하려 하지만 실패하고 고국으로 돌아간다. 오스칼은 마리 앙투아네트의 곁을 떠나 시민군에 가담하고 앙드레가 자신을 진정으로 사랑한다는 것을 알게 된다. 오스칼과 앙드레는 시민들과 함께 바스티유 감옥을 공격하는데……. 앙드레가 먼저 관군의 총탄에 맞아 죽고 뒤이어 오스칼이 총탄에 맞아 숨을 거둔다. 오스칼이 모시던 마리 앙투아네트는 바스티유 감옥이 시민들에 의해 함락된 후, 콩코르드 광장에서 죽음을 맞게 된다. 마리 앙투아네트나 오스칼 모두 다시는 장미꽃이 만발한 베르사유 궁전으로 돌아갈 수 없었다.

프랑스 왕들의 사냥터,
퐁텐블로

프랑스 왕들의 사냥터

　파리에서 남동쪽으로 65km 떨어진 퐁텐블로 숲은 역대 프랑스 왕들의 사냥터였다. 퐁텐블로 숲 한가운데에 왕들의 휴식처이자 별장 역할을 했던 퐁텐블로 궁전이 있다.

　퐁텐블로에 가기 위해서는 리옹 역에서 SNCF 기차를 타고 40여 분 걸려 퐁텐블로 아봉 역에서 내린다. 퐁텐블로 아봉 역 앞에는 퐁텐블로 시가지가 보일 뿐 퐁텐블로 숲이나 궁전은 보이지 않는다. 역 앞 버스 정류장에 있는 사람에게 퐁텐블로 궁전으로 가는 길을 물어보니 대로를 따라 쭉 가면 된다고 한다. 퐁텐블로 궁전까지 가는 버스가 있기는 한데 시골이라 버스가 자주 다니지 않는 모양이었다. 그냥 걸어가 보기로 했다. 퐁텐블로 마을은 참 조용했다. 지나다니는 사람도 별로 없고 상점은 오후부터 문을 여는지 장사를 하지 않았다. 시골이니 들녘으로 일을 하러 간 걸까, 파리가 멀지 않으니 파리로 출근을 한 것일까. 이런저런 생각을 하며 걷다 보니 퐁텐블로 번화가가 나왔다. 번화가에 있는 생 루이스 교회는 찾는 사람이 없는지 퇴락해 가고 있는 듯 보였다.

　생 루이스 교회를 지나 퐁텐블로 시가지를 구경하면서 직진하면 금장 장식을 한 퐁텐블로 궁전의 철문이 보인다. 퐁텐블로 궁전을 둘러싸고 있는 퐁텐블로 숲은 12세기부터 프랑스 왕들의 사냥터로 이용되었다. 퐁텐블로 숲은 그 크기가 파리 시내를 다 넣고도 남을 정도로 방대하다. 이 때문에 잘못해서

숲에 들어갔다가는 길을 잃을 수 있어 곳곳에 출입 금지 표지판이 붙어 있을 정도이다. 퐁텐블로 궁전이 세워진 것은 16세기 프랑수아 1세 때의 일이라고 하는데 입구를 향해 U자 형태로 건물들이 배치된 것이 베르사유 궁전을 닮았다. 퐁텐블로 궁전 뒤의 작은 호수나 커다란 운하의 배치 역시 베르사유 궁전과 비슷하다.

나폴레옹과 퐁텐블로 궁전

퐁텐블로 궁전 안의 모습 역시 베르사유 궁전과 흡사하다. 왕과 왕비의 침실은 호화롭게 금장으로 치상되었고, 방에 부착된 커다란 거울은 프랑스 궁전 인테리어의 특징이다. 다른 점이 있다면 프랑수아 1세의 회랑에는 이탈리아 미술 작품이 많이 걸려 있다는 것이다. 프랑수아 1세가 이탈리아 르네상스 회화를 좋아해 수집한 것들이라고 한다. 현재 루브르 박물관에 있는 〈모나리자〉도원래는 프랑수아 1세의 회랑에 걸려 있던 것이다. 프랑수아 1세의 초청을 받아 퐁텐블로에 방문한 레오나르도 다 빈치가 4,000에큐(17~19세기 프랑스 은화 단위)에 〈모나리자〉를 팔았다고 한다. 퐁텐블로의 무도회실은 베르사유 궁전의 거울의 방을 연상케 한다. 기다란 회랑에 르네상스풍의 그림과 촛불 샹들리에가 줄지어 매달려 있고 천장은 화려한 프레스코화로 장식되어 있다. 퐁텐블로 궁전은 전체적으로 레오나르도 다 빈치를 비롯한 이탈리아 건축가나 화가들이 건축하고 장식해 베르사유 궁전과 비슷한 듯 다른 느낌을 준다. 베르사유 궁전은 프랑스 혁명 당시 시민들의 약탈로 인해 가구나 물품들이 많이 분실된 반면 퐁텐블로 궁전에는 방마다 당시의 가구나 물품이 그대로 남아 있어 당시 왕실의 모습을 잘 엿볼 수 있다. 개인적으로는 베르사유 궁전보다 조용한 분위기에서 알차게 프랑스의 궁전을 둘러볼 수 있는 퐁텐블로 궁전이 더 마음에 든다.

프랑스 혁명 후 집권한 나폴레옹 1세는 황실의 권위를 내세우기 위해 퇴락해 가던 퐁텐블로 궁전을 대대적으로 수리해 사용했다. 어쩌면 나폴레옹의 연인 조세핀과의 사랑이 펼쳐진 곳이 이곳인지도 모른다. 아이러니하게도 나폴레옹은 자신이 재건한 퐁텐블로 궁전에서 1814년에 폐위를 당하고 엘바 섬으로 유배를 떠났다. 퐁텐블로 궁전 앞 백마 광장이 바로 나폴레옹이 유배를 떠나기 전 근위병들과 작별을 고했던 장소라고 한다. 이 때문에 백마 광장은 이별의 광장으로도 불리고 있다. 나폴레옹의 개인 소장품 등 그에 대한 흔적을 더 보려면 퐁텐블로 궁전 내에 있는 나폴레옹 1세 박물관을 찾으면 된다. 나폴레옹은 엘

바 섬을 탈출해 다시 황제에 즉위하지만 워털루 전투에 패해 다시 머나먼 세인트 헬레나 섬으로 유배되고 그곳에서 죽음을 맞이한다. 비록 나폴레옹은 퐁텐블로 궁전으로 돌아오지 못했으나 퐁텐블로 궁전의 기념품 매장에서는 그의 얼굴이 그려진 머그컵이 그를 추억하고 있다. 재미있는 것은 한 여인의 초상을 담은 잼 병인데, 나폴레옹 머그컵이 있는 것으로 보아 그녀는 조세핀인 듯했다. 나폴레옹과 조세핀은 과거를 뛰어넘어 머그컵과 잼으로 현재에서 다시 만나고 있었다.

퐁텐블로 궁전 뒤쪽에는 카르프 연못과 프랑스식 정원, 운하 등이 있다. 퐁텐블로 궁전에서 정원으로 가는 길에 심긴 플라타너스 나무는 여느 프랑스 정원에서처럼 각지게 재단되어 있다. 멀리 보이는 운하 뒤로 끝없는 퐁텐블로 숲이 펼쳐져 있다. 그곳에서는 지금이라도 칼을 찬 나폴레옹이 말을 타고 달려 나올 듯하다.

지베르니를 여행하려는
히치하이커를 위한 안내서

지베르니로 가던 월요일

파리의 박물관이나 미술관은 월요일이나 화요일에는 휴관을 한다. 주말에 문을 열었으니 당연히 하루 쉬는 것은 좋으나 모처럼 온 여행자에게는 여간 당혹스러운 일이 아니다. 지베르니로 가는 날은 월요일이었다.

지베르니에 가는 이유는 딱 하나였다. 클로드 모네 박물관이 그곳에 있고 〈수련〉이 그려진 곳이기 때문이다. 이른 아침, 생 라자르 역에서 SNCF 기차를 타고 베르농(Vernon)에서 내렸다. 베르농 역 앞에서 지베르니로 가는 버스를 타야 하는데 아무리 기다려도 버스가 오지 않았다. 버스 정류장에 붙은 버스 시각표를 보니 월요일에는 아예 버스 시간이 없었다. 카페 주인에게 지베르니로 가는 버스 시간을 물으니 오늘은 운행하지 않는다고 한다. 박물관이 쉰다고 버스까지 쉴 건 뭐람. 내일 다시 와야 할지, 걸어갈지 고민이 되었다. 지도를 보면 베르농에서 지베르니까지 6km 남짓 된다고 되어 있었다. 걸어갈지, 말지를 고민하다가 일단 가 보기로 했다. 지베르니는 베르농 옆을 흐르는 강 건너편에 있다. 우선 강을 건너는 다리로 가야 했다. 지도를 보며 베르농 다리를 향해 걸었다. 작은 마을인 베르농은 한적했다. 사람들은 다 어디에 있는 것인지 거리는 고요하기만 했다. 계속 걷다가 결국은 히치하이킹을 시도했다.

베르농 캠프장을 지난 후, 시작한 나의 히치하이킹은 의외로 쉽게 성공했다. 몇 번 만에 르노 승용차가 멈췄고 지베르니까지 편안히 갈 수 있었다. 히치하이킹이 금방 된 것은 베르농 다리에서 지베르니까지 가는 도로가 하나뿐이어서였다. 도중에 옆으로 빠지는 도로가 없어 직진하면 지베르니에 도착할 수 있다.

늘 푸른 지베르니의 하늘

지베르니 입구에 내려 위로 올라가면 주차장과 지베르니 마을이 나온다. 먼저 클로드 모네의 묘지로 갔다. 모네는 지베르니에서 1883년~1926년까지 머물렀고 이곳에서 숨을 거두었다. 모네의 작품 〈인상·일출〉로 인해 인상파라는 이름이 붙은 것은 잘 알려진 사실이다. 모네의 묘지는 지베르니의 교회 위쪽, 공동묘지로 가는 비탈길에 있다. 비탈길의 작은 묘지가 인상파의 대가 클로드 모네의 전부였다. 원래 파리 태생으로 다른 예술가들과 달리 빈곤한 삶을 살지 않았던 모네의 묘지라면 좀 더 화려하지 않을까 하는 생각을 했는데, 예상외로 참 소박하다.

어차피 죽어서는 누구든 한 평이 못 되는 관에 눕기 마련이다. 그의 후손들은 굳이 명사들이 묻힌 파리의 페르 라셰즈 묘지나 몽파르나스를 고집하지 않았나 보다. 클로드 모네의 명패 아래를 보니 그의 후손인 미셸 모네가 함께 묻혀 있었다. 모네의 묘지를 지나 비탈길을 올라가면 비로소 지베르니의 공동묘지가 나타난다. 모네는 왜 넓고 평탄한 공동묘지를 두고 비탈길에 묻힌 것일까.

모네의 묘지를 뒤로하고 지베르니 마을길을 걸어 내려갔다. 마을은 조용했고 창가에 내놓은 화분에는 꽃이 활짝 피어 있었다. 가끔 개 짖는 소리만 들릴 뿐 사람의 인기척이 없었다. 지베르니는 파리에서 좀 떨어져 있고 읍내인 베르농과도 거리가 있어 한적한 전원 주택 단지 같다.

클로드 모네 박물관은 예상대로 월요일 정기 휴관이었다. 나처럼 월요일임에도 불구하고 지베르니를 찾은 몇몇 여행자들은 클로드 모네 박물관의 문틈으로 안을 들여다보려고 했으나 허사였다. 박물관의 담은 왜 이리 높게 쌓았는지 모네의 〈일본 다리〉와 〈수련이 자라는 연못〉을 보려는 노력은 힘만 뺄 뿐이

었다. 박물관을 한 바퀴 돌아 도로가에 이르러서 담 옆의 돌무더기를 밟고 올라가 겨우 안을 볼 수 있었다. 모네가 조성한 정원과 연못이 살짝 보였다. 모네는 1893년에 이곳에 정원과 연못을 만들기 시작했다. 서양 여행객들도 까치발을 하고 모네 박물관 안의 정원을 훔쳐보았다. 휴관일 때 들어가지는 못해도 안을 볼 수 있게끔 한 쪽 담을 유리로 만들거나 하면 좋았을 텐데…….

지베르니에 왔다가 모네만 보고 베르농을 그냥 지나치면 섭섭하다. 베르농 시내에는 11세기 말에 지어진 노트르담 성당과 중세의 풍경을 간직한 거리가 있어 보너스를 받는 기분이다. 멋진 고딕풍의 노트르담 성당에서는 화려한 스테인드글라스와 악귀를 물리칠 듯 내뻗은 이무기 돌이 볼 만하다. 성당 앞에는 읍내 청사로 보이는 건물이 당당한 기품을 자랑하고 있다. 기차역으로 가는 길에는 베르농 성벽 터가 있어 베르농이 옛 중세의 성곽 도시였음을 알게 한다. 지베르니를 둘러볼 예정이라면 베르농 구경을 빼놓지 말아야 할 것이다.

불멸의 화가 고흐,
오베르에 잠들다

천재와 광인 사이

고흐가 오베르 쉬르 와즈(Auvers-sur-Oise)에 머문 것은 2달여에 불과했다. 그는 프랑스 남부 아를에서 출발해 1890년 5월 20일에 오베르에 도착했고 70일 후인 7월 27일 자기 가슴에 권총을 쏘았다. 그리고 그로부터 이틀 후인 7월 29일에 생을 마감했다. 고흐가 오베르에 온 것은 가쉐 박사를 통해 쇠약해진 몸을 치료하기 위해서였다. 하지만 고흐가 오베르에 온 뒤, 처음에는 몸이 나아지는 듯했으나 한 번 쇠약해진 몸을 되돌릴 수는 없었다.

오베르에 가기 위해서는 파리에서 RER 교외 고속 전철을 타고 퐁투아즈(Pontoise)에 내린다. 퐁투아즈에서 다시 오베르 쉬르 와즈로 가는 전철을 갈아타야 한다. 관광안내소 겸 미술관인 도비니 미술관에서 한글로 된 오베르 안내 지도를 얻을 수 있다. 우선 고흐와 그 동생인 테오가 묻힌 묘지로 가 보기로 했다. 가는 길에 고흐의 〈오베르 교회〉에 나오는 그 오베르 교회가 보였다. 그림과 실제 오베르 교회의 모습은 거의 흡사하다. 1890년에 〈오베르 교회〉가 그려졌으니 벌써 100여 년이 지났는데도 변한 게 없다. 아무튼 이 나라 사람들은 뭘 지어 놓으면 그 수명이 다할 때까지 보존하는 데 선수인 것 같다. 웬만한 건물들은 기본 수명이 100년을 훌쩍 넘긴다.

고흐의 몸이 나빠지기 시작한 것은 프랑스 남부의 아를에서부터였다. 고흐는 1888년 2월에 파리 몽마르트르에서 아를로 갔고 그곳에서 2년여를 보냈다. 아를에서의 첫 해는 아를의 밝은 태양을 만끽하며 〈해바라기〉, 〈아를의 도개교〉, 〈밤의 카페〉 같은 명작을 그려냈다. 이듬해에 고흐가 아를에서 화가들을 모아

예술촌을 계획하면서 그의 몸은 망가져갔다. 고흐의 권유로 아를에 온 고갱은 고흐와는 성격이 맞지 않았다. 고갱은 바다에서 선원 생활을 해서인지 거친 면이 있고, 고흐는 서점 점원을 했던 샌님이었다. 1889년 12월에 고흐는 정신의 병을 얻고 고갱과 다툰 후, 자신의 귀를 잘라 버렸다. 이후 고흐는 정신 발작과 회복을 반복했고 회복될 때마다 정열적으로 그림을 그렸다. 그의 대표작들 〈별이 빛나는 밤〉, 〈빈센트의 방〉, 〈황금빛 밀밭〉, 〈생 폴 정신병원의 복도〉 등이 이 시기에 그려졌다. 아를에서 정신 발작과 창작을 반복하며 그려낸 그림들이 과연 천재의 그림인지, 광인의 그림인지 의문이 들었다.

나무덩굴로 덮인 묘지

오베르 교회를 지나 얕은 언덕길을 올라가면 좌우로 밀밭이 보인다. 이 밀밭이 고흐의 〈까마귀가 있는 밀밭〉의 무대가 된 곳이다. 밀밭에는 고흐가 그렸던 까마귀는 보이지 않고 밀밭 위로 애꿎은 구름만 잔뜩 밀려와 있었다. 밀밭을 지나 오베르의 공동묘지에 들어섰다. 사방에 묘지가 가득해서 어느 것이 고흐의 묘지인지 쉽게 알 수 없다. 마침, 한 묘지 앞의 화분에 물을 주던 노인이 있어 고흐의 묘지 위치를 물었다.

"고흐! 고흐!"

고흐를 찾는데 고갱을 알려 주는 사람은 없으리라. 노인은 나의 막돼먹은 발음도 알아듣고 고흐의 묘지 위치를 알려 주었다. 고흐의 묘지는 공동묘지 끝부분인 담장 앞에 있다. 나무덩굴로 덮인 묘지가 고흐와 그 동생인 테오의 묘지였다.

"인상파의 대표 작가인 고흐의 묘지는 꽤 소박했다. 단출한 묘지는 당시 그의 열악한 경제 상황을 알려 주는 듯해 안타까웠다. 생전에 팔린 고흐의 작품이라야 400프랑을 받은 〈붉은 포도밭〉뿐이었다. 지금에서야 고흐의 작품이 수백억을 호가하지만 당시에는 작품이 전혀 팔리지 않는 작가였다. 마음 착한 동생

테오는 형 빈센트가 죽은 뒤, 그의 유작 700여 점을 네덜란드에 기증했고 이들 작품으로 반 고흐 미술관이 문을 열었다. 고흐의 묘지를 보고 정문으로 나왔더니 작은 묘지 지도에 고흐의 묘지 위치가 표시되어 있었다. 내가 들어간 공동묘지 입구는 정문이 아니었나 보다.

고흐의 묘지를 뒤로하고 고흐가 세들어 살았던 시청 앞 라부씨 여관을 찾아갔다. 라부씨 여관 옆 골목에 붙여 놓은 흑백 사진들을 보니 라부씨 여관의 모습은 예전 그대로인 듯했다. 옛 여관은 대개 1층에 주점 겸 레스토랑이 있고 2층이 여관이다. 1층의 레스토랑은 지금껏 운영되고 있고 2층은 박물관이 되어 입장권을 끊고 들어가 볼 수 있다. 고흐는 라부씨 여관 2층 작은 방에서 권총으로 가슴을 쏘아 힘들었던 생을 마감했다. 병약한 고흐를 돌봐 주던 가쉐 박사의 집에 가려면 라부씨 여관을 지나 한참을 내려가야 한다. 도로 위쪽의 이면 도로가에 가쉐 박사의 집이 있다. 언덕에 있는 가쉐 박사의 집에는 고흐 외에도 피사로, 세잔 같은 화가들이 드나들었다. 실제 세잔은 1872년~1874년까지 오베르에 거주하며 그림을 그리기도 했다.

가쉐 박사의 집으로 가는 길에는 르네상스 양식의 오베르 성이 있어 잠시 쉬어 가기에 좋다. 오베르 성은 17세기 이탈리아 금융가인 리오니에 의해 세워졌고 지금은 오베르 도의회 소유로 되어 있다. 마침 오베르 성으로 웨딩 촬영을 나온 예비 부부가 있어 프랑스식 웨딩 촬영 모습을 지켜볼 수 있었다. 사진사는 예비 부부에게 별 다른 포즈를 요구하지 않고 자연스럽

AUBERGE   RAVOUX
DE VINS | RESTAURANT

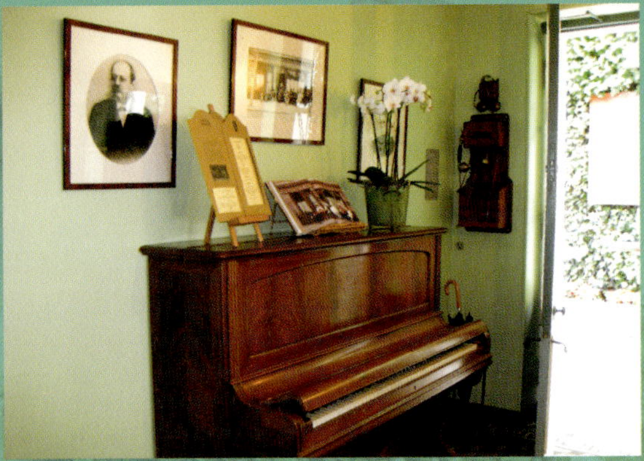

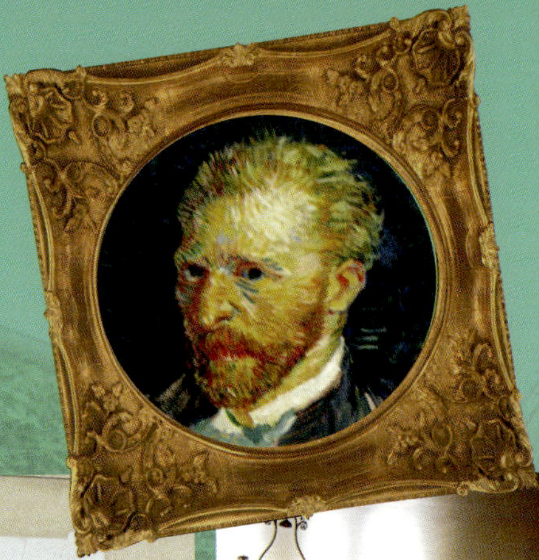

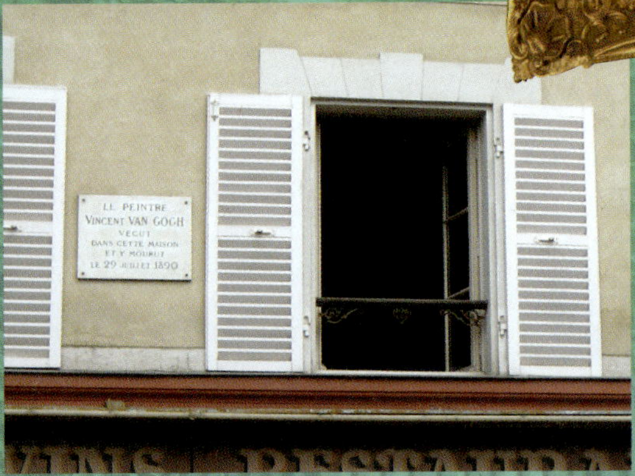
LE PEINTRE
VINCENT VAN GOGH
VECUT
DANS CETTE MAISON
ET Y MOURUT
LE 29 JUILLET 1890

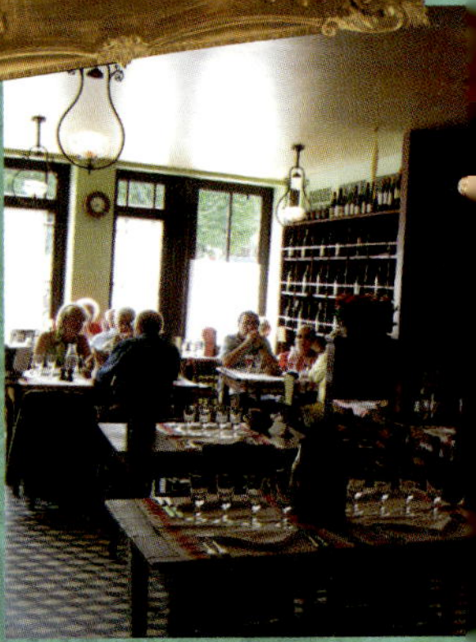

CREPERIE

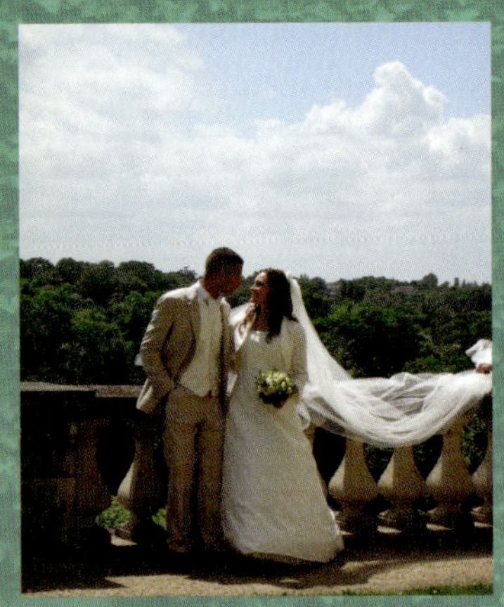

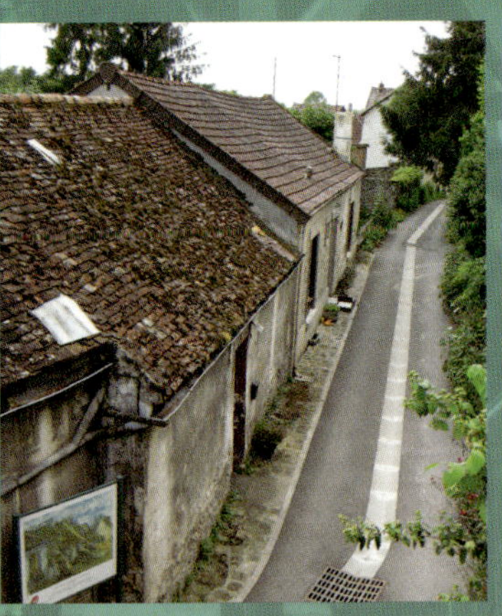

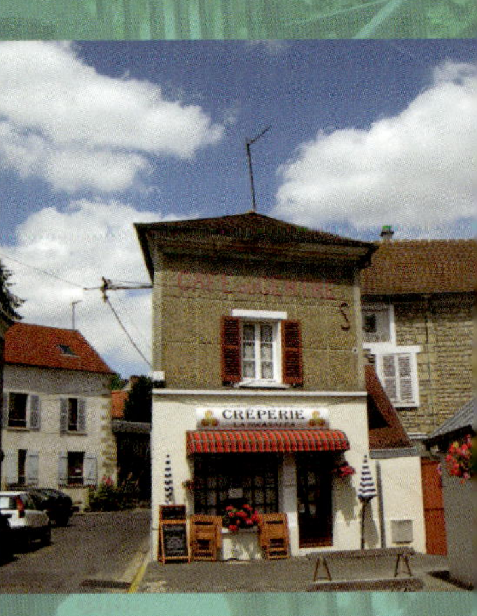

게 촬영을 했다. 파란 하늘과 쏟아지는 햇빛 아래 예비 부부는 최고로 행복한 순간을 맞이하고 있었다.

오베르에는 고흐를 비롯한 여러 화가들이 그림으로 그린 현장들이 많이 있어 숨은 그림을 찾는 듯한 기분이 든다. 어떤 곳은 그림에 비해 퇴락했고, 어떤 곳은 그림과 똑같아서 사람들의 관심에 따라 현장의 모습이 크게 달라지는 것을 알 수 있다. 각 그림의 현장에는 안내판에 화가의 그림이 붙어 있어 그림과 현장을 비교해 볼 수 있다.

오베르 기차역으로 돌아오며 다시 라부씨 여관을 지나게 되었다. 죽어서 불멸의 작가라고 불리는 고흐는 살아서는 지지리 고생만 하다가 갔다. '똥밭에 굴러도 이승이 낫다'는 말이 있듯이 반멸의 작가라도 좋으니 고생을 좀 덜했으면 좋았을 것이다. 고흐가 살았던 라부씨 여관의 하숙방 창가에는 그가 떠난 1890년 7월 29일이 적힌 명패가 그를 추모하고 있다.

중세의 도시,
샤르트르 여행

서양 문명 최고 건축물 중의 하나!

서양 문명을 이야기할 때 성당을 빼놓을 수 없다. 성당은 도시의 중심이자 시작점이라 할 수 있다. 도시의 한가운데에 성당이 세워진 후 광장과 집들이 들어서는 게 보편적인 유럽 중세 도시의 스타일이다. 당시 가톨릭은 종교이자 생활 규범이기도 했다. 파리의 중심인 시테 섬에 노트르담 성당이 있고, 파리 근교 샤르트르에는 서양 문명 최고 건축물의 하나인 샤르트르 대성당(Cathédrale Notre Dame de Chartres)이 있다.

샤르트르에 가기 위해서는 몽파르나스 역에서 SNCF 기차를 타야 한다. 1시간여를 달리면 파리에서 남서쪽으로 88km 떨어진 샤르트르에 도착한다. 샤르트르는 작고 예쁜 중세의 도시이며 샤르트르 대성당은 여느 성당처럼 언덕 위에 있다. 안 그래도 웅장한 건물인데 언덕 위에 있으니 더욱 크게 느껴진다. 언덕길 한편에 있는 관광안내소에 들러 지도를 얻고 돌로 포장된 언덕길을 마저 오르면 드디어 샤르트르 대성당의 모습이 보인다. 샤르트르 대성당의 두 개의 첨탑은 각기 다른 모습으로 유명하다. 북쪽의 오톨도톨한 가시가 있는 첨탑이 16세기에 고딕 양식으로 재건된 것인데, 높이가 115m에 달한다. 남쪽의 장식 없는 첨탑은 12세기에 로마네스크 양식으로 세워졌고, 높이가 106m이다. 파리 인근에는 산다운 산이 없고 들판뿐이니 우뚝 솟은 성당은 하늘을 따라잡으려고 한 바벨탑의 모습인지도 모른다.

샤르트르 대성당의 반원형 출입문에는 '최후의 심판'이라는 주제의 조각이 있다. 다른 쪽의 반원형 출입문에는 '그리스도와 12사도'의 조각이 있다. 빈

원형 출입문에 새겨진 세밀하고 아름다운 조각은 수세기가 지난 지금도 살아 있는 듯 생생한 느낌을 전해 준다. 성당 안으로 들어가려면 출입문의 '최후의 심판' 조각을 통과해야 한다. 만일 스스로 죄가 있다고 생각하는 사람이라면 뜨끔할 수도 있겠다. 샤르트르 대성당 안에는 여느 성당처럼 중앙의 커다랗고 둥근 창인 '장미의 창'이 인상적이다. 장미의 창은 1216년에 만들어진 것인데 주제가 출입문 조각과 같은 '최후의 심판'이다. 성당 안 오른쪽에 또 하나의 장미의 창이 있는데 아래의 5개의 스테인드글라스와 함께 요한계시록의 내용을 표현하고 있다. 이 장미의 창의 주제는 '그리스도를 안고 있는 성모'이다. 원래 샤르트르 대성당은 성모마리아에게 봉헌된 성당이다.

샤르트르 대성당의 스테인드글라스 테마색은 청색으로, 햇빛이 잘 드는 남쪽 창에는 온통 오묘한 청색의 물결이 일렁인다. 샤르트르 대성당 안에 있는 스테인드글라스는 무려 172개에 달해서, 사방에서 청색뿐만 아니라 오색 빛깔의 향연이 일어난다.

성당 안의 제단을 둘러싸고 있는 조각들도 아름답다. 성서의 내용을 묘사

하고 있는 대리석 조각들은 원형 그대로 잘 보존되어 있다. 마치 종이접기를 한 듯 대리석을 자유자재로 접거나 오려 놓았고 인물들의 표정도 살아 있는 듯하다. 이탈리아만 대리석을 자유자재로 다뤘던 것은 아닌 모양이다. 중세 프랑스의 대리석 다루는 기술 역시 이탈리아 못지않은 것을 알 수 있었다. 샤르트르 대성당에는 성모마리아가 예수를 낳았을 당시에 입었던 생트 슈미즈가 있다고 전해져 중세 때 많은 순례자가 찾았다고 하는데 지금은 볼 수 없다.

중세의 거리를 걷다

샤르트르 대성당 옆, 옛 건물들 사이로 난 길로 가면 비라르 광장이 나온다. 필자가 찾은 날에는 마침 광장에서 장터가 열렸는데 주로 채소나 식육, 생선 같은 식품을 팔았다. 프랑스의 시장에는 특이한 점이 있다. 바로 빵떡모자를 쓴 이슬람계 상인들이 많이 보인다는 것이다. 또한 채소를 살 때도 줄을 서야 한다. 사람이

없으면 몰라도 두 사람 이상이면 무조건 줄을 서 있는 풍경을 볼 수 있다.

시장을 뒤로하고 계속 골목길을 걸어가면 퇴락한 생 아그나 교회와 생 피에르 교회가 보인다. 중세 때에는 주위에 온통 가톨릭 신자들이어서 찾는 사람이 많았겠지만 지금은 신자들이 줄고 가까운 곳에 막강의 샤르트르 대성당이 있으니 그 옛날의 영광을 다시 보기는 힘들 것이다. 생 페에르 교회를 지나면 작은 유르 강이 있으므로 천천히 강을 따라 걸어본다. 유르 강에서 낚시를 하던 남자는 고기가 잘 잡히지 않는지 연신 담배 연기를 뿜고 있었다. 파리 근교의 도시가 다 그렇지만 관광객을 상대로 하는 일이 아니면 마땅한 일이 없어 보였다.

유르 강을 따라 가면 샤르트르 대성당 뒤쪽으로 올라가게 된다. 성당으로 올라가는 언덕길에는 중세 때부터 있었던 옛 집들이 많아 색다른 기분을 느끼게 한다. 하지만 가끔 중세의 건물에서 나오는 것은 마차가 아닌 최신식 볼보나 르노 승용차였다. 중세의 집에 산다고 해서 마차를 끌지는 않는 모양이다. 성당 옆에는 보자르 미술관이 있어 16세기부터 19세기의 작품을 구경할 수 있다. 사람들은 미술관에서 미술품을 보는 것보다 미술관 뜰에서 한눈에 조망되는 샤르트르 마을을 바라보는 곳을 더 좋아했다. 샤르트르 마을은 멀리 지평선과 맞닿은 엷은 브라운색의 지붕들과 녹색이 우거진 나무들로 인해 한 장의 그림엽서를 보여 주는 듯했다. 샤르트르는 서양 문명 최고의 건축물이라는 샤르트르 대성당과 프랑스 중세의 도시를 한 번에 볼 수 있는 소중한 곳이다.

낭만과 외로움이 교차하는
몽 생 미셸

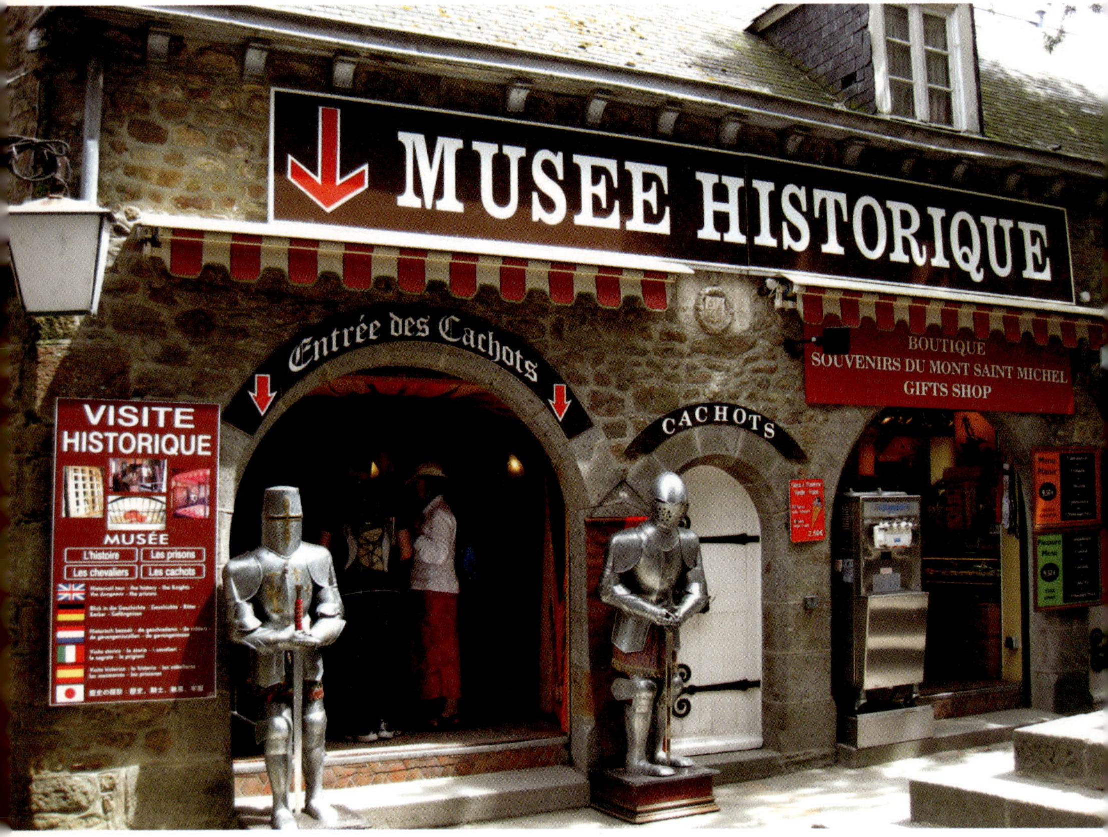

렌느행 테제베를 놓치다

파리 남서쪽에 있는 몽 생 미셸(Mont Saint Michael)에 가려면 파리에서 렌느까지 테제베를 타고 가서 렌느에서 몽 생 미셸까지 버스를 이용해야 한다. 렌느(Renne)행 테제베는 한국에서 인터넷으로 예매가 가능했다. 아침 7시 5분에 몽파르나스 역을 출발하는 로와지르(loisirs)는 값이 싼 대신 일체의 환불을 받을 수 없는 표이다. 몽 생 미셸로 가는 날, 새벽 5시 30분에 일어나 고양이 세수를 하고 식당으로 내려갔다. 간단히 아침을 해결하고자 식당에 있는 바구니에서 바게트를 집었더니 청소하던 종업원이 아직 식사 시간이 되지 않았다고 신경질을 냈다. 어째, 아침부터 일진이 불길했다. 매일 먹던 바게트를 조금 일찍 먹은들 어떠랴 싶었는데 워낙 룰을 잘 지키는 파리 사람들은 그게 아니었나 보다. 숙소가 있는 바스티유 인근의 르드루-롤링에서 30분 정도면 충분히 몽파르나스 역까지 갈 수 있을 듯했다. 르드루-롤링 역에서 지하철 8호선을 타고 가서 바스티유 역에서 지하철 5호선으로 갈아탔다. 다시 플레이스 드 이탈리 역에서 지하철 6호선으로 갈아타고 몽파르나스 역에 도착하니 7시 정각이었다. 기차 출발까지는 5분이 남았다. 하지만 몽파르나스 역의 지하는 생각보다 넓었다. 아침부터 붐비는 사람들로 인해 바쁜 걸음이 자꾸 느려졌다. 겨우 2층 테제베 플랫폼에 도착하니 시계는 정확히 7시 5분을 가리키고 있었고 내가 타야 할 테제베는 벌써 출발하고 있는 중이었다. 간발의 차이였다. 테제베는 플랫폼을 절반도 빠져나가지 못한 상태였다.

"테제베, 시간은 칼같이 지키는군! 쩝~"

분명 7시 5분이 되기 전에 출발했으리라. 아마 7시 4분 30초쯤. 테제베 표를 가지고 매표소로 갔더니 로와지르 표여서 역시 어떤 환불도 받을 수 없다고 했다. 할 수 없이 다시 표를 끊는 수밖에 없었고 표 값은 더 비쌌다. 잠깐의 방심으로 손해가 막심했다.

몽 생 미셸의 낭만 그리고 외로움

1시간 후 테제베를 타고 렌느로 출발할 수 있었다. 여행 중 아무리 주의해도 한 번은 마가 낀 듯 차를 놓치는 경우가 있는데 하필이면 가장 값이 비싼 렌느행이어서 속이 더 쓰렸다. 여권이나 지갑을 잃어버리지 않은 것을 위안으로 삼아야 했다. 테제베는 소리 없이 철길을 달렸다. 차창으로 보이는 것이라고는 끝없는 들판뿐이었다. 테제베를 비롯한 SNCF 기차에는 안내 방송이 없어 선

잠도 못 자고 유심히 다음 역을 알리는 안내판을 바라봐야 한다. 2시간여가 지나가고 렌느 역에 도착했다. 파란 하늘을 보니 절로 노래가 나왔고 기분이 한결 나아졌다. 몽 생 미셸행 버스터미널은 기차역 바로 옆에 있다. 버스터미널에서 버스 시간을 기다렸다가 몽 생 미셸행 버스를 탔다. 버스 안에는 서양 사람과 일본 관광객이 많이 보였다. 우리가 몽 생 미셸에 대해 알게 된 것은 예전 모 기업의 TV 광고 때문이었다. TV 광고 속의 몽 생 미셸은 멋진 왕자가 사는 동화 속 고성을 연상시켰다.

얼마 후, 멀리 몽 생 미셸 성이 보였다. 정확히 말하면 몽 생 미셸 수도원이다. 해안가 바위섬 위에 지은 성 모양의 수도원은 14세기 백년전쟁 때에 실제 성의 역할을 하기도 했다. 몽 생 미셸 수도원이 처음 세워진 것은 966년의 일이다. 대천사 미카엘이 바위섬 위에 수도원을 지으라고 명했다고 한다. 대천사 미카엘의 모습은 몽 생 미셸 수도원의 제일 높은 첨탑 위의 금빛 조각으로 볼 수 있다.

도착했을 때는 썰물 시간이어서 몽 생 미셸의 바닷물은 모두 빠져 있었다. 지평선까지 드러난 갯벌만이 푸른 하늘빛과 맞닿아 있을 뿐이었다. 몽 생 미셸 수도원 아래 성문을 통과하면 중세 건물들이 있는 좁은 골목이 보인다. 수도원 아래 세속의 마을이 있는 셈이다. 좁은 골목을 사이에 두고 양쪽에 주점과 레스토랑, 상점, 여관 등이 자리 잡고 있다. 관광객들은 주점에서 맥주를 마시고 상점에서 기념품을 고르며 즐거워했다. 잘 보존된 중세 건물들에는 당시의 문장이 담긴 휘장까지 내걸고 있었다. 중세 상점가를 지나 언덕길을 올라가면 작은 공동묘지가 있다. 아마 수도원에 묻히지 못하는 평민들을 위한 묘지였으리라.

공동묘지를 지나 수도원으로 오르는 좁은 골목은 외적의 침입을 막는 또 하나의 장벽 역할을 했다. 좁은 골목 바깥쪽은 천 길 낭떠러지이다. 수도원 정문을 앞둔 전망대에서는 지금은 갯벌뿐인 바다가 한눈에 들어온다. 밀물이 되어 바닷물이 몽 생 미셸을 감싸면 더 환상적이라고 하는데 밀물 때까지 기다릴 수는 없었다. 전망대에 서니 바람은 시원했고 하늘은 파랬다. 속이 확 뚫리는 기분이다. 확 트인 풍경을 보니 그간의 피로가 절로 사라지는 듯했다. 모처럼 자유로운 여행자의 기분을 느낄 수 있었다.

몽 생 미셸 수도원은 깎아지른 성벽 안에 있다. 성벽 안으로 들어가면 수도원 내에 11세기에 처음 지어진 교회가 있다. 오랜 세월이 지나서인지 스테인드글라스의 색이 모두 없어져 아쉽다. 원래는 찬란한 오색 빛을 내고 있었으리라. 1211년에 교회 옆에 부속 건물로 세워진 라메르베유는 3층의 고딕 건물이다. 1층은 창고와 순례자 숙소, 2층은 기사와 귀족의 방, 3층은 수사들의 대식당과 회랑이 있었다고 한다. 1층 창고 옆 건물에는 당시에 쓰던 인력 케이블카가 남아 있다. 죄수들이 대형 물레방아를 돌려 지상에서 수도원까지 짐을 끌어올렸다고 한다. 2층 기사와 귀족의 방에는 아름다운 아치형의 기둥이 세워져 있다. 아치형 구조는 미적인 것뿐만 아니라 위층의 무게를 분산하기 위한 디자인이다. 3층의 식당에는 그리스 신전처럼 양쪽으로 돌기둥이 세워져 있고 돌기둥 사이의 59개나 되는 창에서 햇빛이 쏟아져 들어왔다. 식당 옆 열주랑은 기다란 회랑 구조였는데 이중의 아치형 돌기둥들이 고딕 건축의 정수를 보여 주었다. 열주랑의 중앙에

는 작은 정원이 가꾸어져 있어 수도원의 높이를 생각하면 가히 하늘 정원이라 부를 만하다.

수도원의 테라스에 앉아 물 빠진 바다와 들판을 바라보니 왠지 모를 외로움이 밀려왔다. 주위의 사람들은 기념사진을 찍는데 정신이 팔려 있고 나만 홀로 먼 바다를 바라보고 있었다. 그러고 보니 몽 생 미셸에 혼자 온 사람을 찾기 어려웠다.

몽 생 미셸 수도원을 내려와서 원경을 찍으려고 주차장 끝으로 갔다. 주차장에서는 차를 타고 온 사람들이 속속 떠나고 관광버스를 타고 온 사람들도 출발했다. 나와 같이 렌느에서 버스를 타고 온 사람들만이 정류장에서 버스를 기다리고 있었다. 서둘러 몽 생 미셸의 전체 모습이 담긴 사진을 찍고 버스정류장 근처 바위에 앉았다. 외로울 때는 뭐든 먹는 게 제일이다. 가방에서 풋사과를 꺼내 한 입 베어 물었다. 시큼한 과즙이 혀를 자극했다. 풋사과를 다 먹고 남은 곰보빵까지 배부르게 먹은 후에야 조금 외로움이 덜어진 것 같았다. 얼마 후, 렌느행 버스가 왔고 렌느로 돌아왔다. 렌느에서 테제베를 타고 처음이자 마지막으로 기차에서 선잠에 들 수 있었다. 파리가 종착역이었으므로……